Dietrich Braun
Erkennen von Kunststoffen

D. Braun

Erkennen von Kunststoffen

Qualitative Kunststoffanalyse mit einfachen Mitteln

mit 7 Abbildungen und 12 Tabellen

Carl Hanser Verlag München Wien 1978

CIP-Kurztitelaufnahme der Deutschen Bibliothek

Braun, Dietrich:
Erkennen von Kunststoffen : qualitative Kunststoffanalyse mit einfachen Mitteln / von Dietrich Braun.
— München, Wien : Hanser, 1978.
ISBN 3-446-12673-2

Dieses Werk ist urheberrechtlich geschützt.
Alle Rechte, auch die der Übersetzung, des Nachdrucks und der Vervielfältigung des Buches oder Teile daraus vorbehalten.
Kein Teil des Werkes darf ohne schriftliche Genehmigung des Verlages in irgendeiner Form (Fotokopie, Mikrofilm oder ein anderes Verfahren), auch nicht für Zwecke der Unterrichtsgestaltung, reproduziert oder unter Verwendung elektronischer Systeme verarbeitet, vervielfältigt oder verbreitet werden.

© Carl Hanser Verlag München Wien 1978
Satz: SatzStudio Pfeifer, Germering
Druck: Georg Wagner, Nördlingen
Printed in Germany

Vorwort

Verarbeiter und Verbraucher von Kunststoffen stehen sehr häufig und aus den verschiedensten Gründen vor der Notwendigkeit, die chemische Natur einer Kunststoffprobe zu ermitteln. Im Gegensatz zu den Kunststoffherstellern fehlen ihnen aber meist speziell dafür eingerichtete Laboratorien und Personal mit analytischen Erfahrungen.

Nun ist die vollständige Identifizierung eines hochmolekularen organischen Stoffes oft eine recht komplizierte und manchmal nur mit erheblichem Aufwand zu lösende Aufgabe. Für viele Zwecke der Praxis genügt es aber häufig schon festzustellen, zu welcher Kunststoffklasse eine vorliegende unbekannte Probe gehört, z. B. ob es sich um ein Polyolefin oder ein Polyamid handelt. Zur Beantwortung solcher Fragen kommt man meist mit relativ bescheidenen Mitteln und geringen chemischen Kenntnissen aus.

In der Literatur liegen bereits einige mehr oder weniger umfangreiche Anleitungen zur Ausführung von einfachen Kunststoffanalysen vor, von denen aber manche doch recht knapp gefaßt sind oder teilweise zu große experimentelle Ansprüche stellen. Viele einfachere Prüfmethoden sind auch weit in Fachzeitschriften verstreut, so daß sie nicht immer leicht zugänglich sind.

Es wird deshalb hier versucht, aus der Literatur und auf Grund langer eigener Erfahrungen eine Auswahl bewährter Verfahren zusammenzustellen, die dem Techniker, dem Ingenieur oder auch dem technischen Kaufmann das Erkennen unbekannter Kunststoffe ermöglichen soll. Selbstverständlich darf man an solche Methoden keine zu hohen Ansprüche hinsichtlich ihrer Aussagekraft stellen.

Man wird sich daher meist auf das Identifizieren des Kunststoffs selbst beschränken müssen, während die Analyse von manchmal nur in geringen Mengen anwesenden Füllstoffen, Weichmachern, Stabilisatoren oder anderen Additiven natürlich mehr Schwierigkeiten bereitet und nur mit größeren physikalischen oder chemischen Hilfsmitteln möglich ist. Es muß ferner darauf hingewiesen werden, daß manche der in der Praxis vorkommenden Stoff-Kombinationen oder Copolymerisate mit einfachen Methoden nicht immer sicher erkannt werden können; in solchen Fällen müssen aufwendigere Analysenverfahren herangezogen werden.

Die vorliegende Anleitung setzt keine speziellen chemischen Kenntnisse voraus, wohl aber einige Fertigkeiten in der Ausführung einfacher Operationen. Vor allem sei an die übliche Sorgfalt beim Umgang mit Chemikalien, Lösungsmitteln oder Feuer erinnert; auf einige besondere Vorsichtsmaßnahmen wird an den betreffenden Stellen im Text hingewiesen. Die notwendige Ausrüstung ist am Schluß des Bändchens zusammengestellt. Empfehlenswert ist bei den meisten Prüfungen, Vergleichsversuche mit authentischen Kunststoffen anzustellen. Hierfür eignet sich z. B. die Probensammlung zur Kunststoffkunde, die von der Arbeitsgemeinschaft Deutsche Kunststoff-Industrie (AKI), Karlstr. 21, 6000 Frankfurt/M., zusammengestellt wurde.

Die hier beschriebenen Prüfungen wurden alle selbst ausprobiert und im Rahmen der Fortbildungsveranstaltungen des Deutschen Kunststoff-Instituts in mehreren Kursen einer großen Zahl von Interessenten vorgestellt. Dabei konnten manche Erfahrungen gewonnen und verwendet werden; weitere Hinweise aus dem Benutzerkreis des Büchleins und Ergänzungsvorschläge sind stets willkommen.

Es ist zu hoffen, daß damit eine Lücke geschlossen wird

zwischen den von der Methodik, der vorauszusetzenden chemischen und physikalischen Vorbildung und dem Umfang her sehr anspruchsvollen Büchern für die Kunststoffanalyse und den sich meist auf Vorproben beschränkenden tabellarischen Zusammenstellungen. Natürlich bedingt dies einen Kompromiß zwischen dem experimentellen Aufwand und der Leistungsfähigkeit einfacher qualitativer Analysenverfahren, den man stets berücksichtigen muß.

Die Entwicklung und Erprobung einfacher Methoden zur Analyse von Kunststoffen war Gegenstand eines längerfristigen Forschungsvorhabens des Deutschen Kunststoff-Instituts, das vor allem dank der finanziellen Unterstützung der Arbeitsgemeinschaft Industrieller Forschungsvereinigungen e. V. durchgeführt werden konnte. An diesem Programm waren zahlreiche Mitarbeiter beteiligt, denen mein besonderer Dank gilt, vor allem Herrn Dr. J. Arndt, der mich bei der Zusammenstellung des Textes unterstützte. Herrn Dr. Glenz danke ich für viele wertvolle Hinweise und seine Hilfe bei der Zusammenstellung von Tabelle 2.

Darmstadt, Juli 1978   Dietrich Braun

Inhaltsverzeichnis

	Vorwort	5
1.	Kunststoffe und ihre Erscheinungsformen	11
2.	Allgemeines zur Kunststoff-Analyse	28
2.1.	Gang der Analyse	28
2.2.	Probenvorbereitung	28
3.	Vorproben	31
3.1.	Löslichkeit	31
3.2.	Dichte	36
3.3.	Verhalten beim Erwärmen	40
3.3.1.	Pyrolysetest	42
3.3.2.	Brennprobe	42
3.3.3.	Schmelzverhalten	47
4.	Prüfung auf Heteroelemente	50
5.	Analysengang	56
6.	Spezifische Nachweise einzelner Kunststoffe	62
6.1.	Allgemeine Nachweisreaktionen	62
6.1.1.	Liebermann-Storch-Morawski-Reaktion	62
6.1.2.	Farbreaktion mit p-Dimethylaminobenzaldehyd	63
6.1.3.	Gibbsche Indophenolprobe	63
6.1.4.	Formaldehyd-Probe	63
6.2.	Einzelne Kunststoffe	64
6.2.1.	Polyolefine	64
6.2.2.	Polystyrol	65
6.2.3.	Polymethylmethacrylat	65

6.2.4.	Polyacrylnitril	67
6.2.5.	Polyvinylacetat	68
6.2.6.	Polyvinylalkohol	68
6.2.7.	Chlorhaltige Polymere	69
6.2.8.	Polyoxymethylen	71
6.2.9.	Polycarbonate	71
6.2.10.	Polyamide	71
6.2.11.	Polyurethane	73
6.2.12.	Phenoplaste	73
6.2.13.	Aminoplaste	74
6.2.14.	Epoxidharze	75
6.2.15.	Polyester	76
6.2.16.	Celluloseabkömmlinge	77
6.2.17.	Silikone	78
6.2.18.	Kautschukartige Polymere	78
7.	**Chemikalien**	81
8.	**Laborhilfsmittel und Geräte**	87
9.	**Weiterführende Literatur**	89
	Stichwortverzeichnis	90

1. Kunststoffe und ihre Erscheinungsformen

Kunststoffe sind hochmolekulare (makromolekulare oder polymere) organische Werkstoffe, die vollsynthetisch aus niedermolekularen Verbindungen oder durch chemische Veränderung von hochmolekularen Naturstoffen (in erster Linie Cellulose) hergestellt werden. Ausgangsstoffe sind vor allem Erdöl, Erdgas und Kohle, aus denen zusammen mit z.B. Luft, Wasser oder Kochsalz reaktionsfähige „Monomere" erhalten werden. Die technisch wichtigsten synthetischen Verfahren zur Gewinnung von Kunststoffen aus Monomeren lassen sich nach dem Mechanismus der Bildungsreaktion der Polymeren unterscheiden als Polymerisation, Polykondensation und Polyaddition. Die damit erzeugten Produkte werden dementsprechend als Polymerisate, Polykondensate und Polyaddukte bezeichnet. Da manche chemisch gleich oder ähnlich aufgebaute Kunststoffe nach mehreren Verfahren und aus verschiedenen Ausgangsstoffen erhalten werden können, hat diese Einteilung für die Analyse unbekannter Kunststoffproben wenig Bedeutung. Dagegen liefert neben der chemischen Untersuchung die äußere Erscheinungsform eines Kunststoffs ebenso wie sein Verhalten in der Wärme nützliche Hinweise für die Erkennung.

Zwischen den einzelnen Makromolekülen, aus denen ein Kunststoff besteht, gibt es – wie zwischen den Molekülen niedermolekularer Stoffe auch – physikalische Wechselwirkungen, die für den Zusammenhalt und die damit verbundenen Eigenschaften wie Festigkeit, Härte, Erweichungsverhalten usw. verantwortlich sind. Kunststoffe, die aus linearen „Fadenmolekülen" von meist mehreren Hundert nm Länge und einigen Zehntel nm Durchmesser oder nicht zu stark verzweigten Makromolekülen aufgebaut sind, lassen sich in der Regel durch Erwärmen erweichen und in vielen Fällen auch schmelzen. Hierbei gleiten oberhalb einer bestimmten Temperatur die in der Kälte mehr oder weniger orientiert angeordneten Ketten aneinander vorbei, so daß eine zumeist relativ hochviskose Schmelze entsteht. Je nach dem Ordnungszustand der Makromoleküle im festen Zustand kann man zwischen teilkristallinen und (weitgehend ungeordneten) amorphen Kunststoffen unterscheiden (s. Abb. 1); auch hiervon hängen das Verhalten beim Erwärmen und die Löslichkeit ab. Solche Kunststoffe, die in der Wärme erweichen und fließfähig werden, nennt man *Thermoplaste:* beim Abkühlen der Schmelze erstarren sie wieder. Dieser Vorgang ist meist viele Male hintereinander

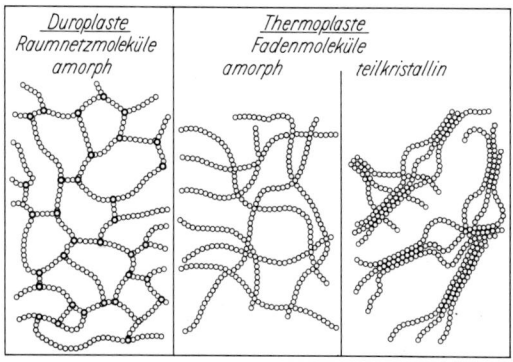

Abb. 1. Struktur der Kunststoffe – Anordnung der Makromoleküle. Modellbild etwa 1 000 000fach vergrößert, aufgelockert und stark vereinfacht: Kristallite können auch durch Falten von Molekülketten entstehen.

wiederholbar. Allerdings gibt es dabei einige Ausnahmen, wenn z. B. die chemische Beständigkeit — ausgedrückt als die Temperatur, bei der chemische Zersetzungen beginnen — niedriger ist als der Zusammenhalt durch die Wechselwirkungskräfte zwischen den Polymermolekülen; in diesen Fällen verändert sich der Kunststoff beim Erwärmen chemisch, ehe er seine Erweichungs- oder Schmelztemperatur erreicht. Ein weiteres Kennzeichen der linearen und verzweigten Makromolekülen ist — von wenigen Ausnahmen abgesehen — ihre Löslichkeit in bestimmten Flüssigkeiten, meist organischen Lösungsmitteln. Auch dadurch werden die Wechselwirkungen zwischen den Makromolekülen verändert, und die Lösungsmittelmoleküle schieben sich zwischen die Polymerketten.

Im Gegensatz zu den Thermoplasten bestehen die sogenannten *Duroplaste* (auch Duromere genannt) nach der Verarbeitung, d. h. im Gebrauchszustand, aus vernetzten Makromolekülen, die in der Regel weder schmelzbar noch löslich sind. Dazu werden meist nicht sehr hochmolekulare Ausgangsprodukte unter der Einwirkung von Wärme und/oder Druck oder durch chemische Reaktionen mit Zusatzstoffen bei gleichzeitiger Formgebung vernetzt („gehärtet") und unter starker Molekülvergrößerung in dreidimensionale Netzwerke umgewandelt. Bei ihnen handelt es sich um echte „Riesenmoleküle", die nur durch chemische Zerstörung der Netzbrücken (bei meist recht hohen Temperaturen oder mit bestimmten chemischen Reagenzien) in kleinere und damit schmelzbare und lösliche Bruchstücke zu spalten sind (vgl. Abb. 1). Duroplaste enthalten häufig Füllstoffe, die Aussehen und Eigenschaften der Produkte stark beeinflussen können.

Schließlich kann man vielfach schon vom äußeren Erscheinungsbild her noch die Gruppe der *Elastomeren* erkennen, die gummielastisch dehnbar sind und aus – meist relativ schwach – vernetzten Makromolekülen bestehen. Die in der Praxis in der Regel mit der Formgebung verbundene Vernetzung von Natur- und Synthesekautschuk wird meist als Vulkanisation bezeichnet. Elastomere sind aufgrund ihrer Vernetzung beim Erhitzen bis kurz unterhalb der Zersetzungstemperatur nicht schmelzbar, wodurch sie sich von manchen ebenfalls elastischen Thermoplasten, z. B. Weich-PVC, unterscheiden.

In Tab. 1 sind die wichtigsten Merkmale der drei genannten Gruppen gegenübergestellt. Zur Unterscheidung können neben der Elastizität vor allem das Verhalten beim Erwärmen sowie die Dichte und die Löslichkeit dienen; allerdings sind durch Füllstoffe, Pigmente oder Verstärker (z. B. Ruß oder Glasfasern) erhebliche Abweichungen möglich, so daß die Einordnung allein auf Grund der genannten Kriterien nicht immer gelingt. Besonders die in Tab. 1 genannten Dichten sind nur als grobe Näherungswerte für kompaktes Material anzusehen. Schaumstoffe haben z. B. Dichten um oder unter 0,1 g/cm^3; sogenannte Strukturschaumstoffe mit geschlossener Oberfläche und porenhaltigem Kern besitzen Dichten zwischen 0,2 und 0,9 g/cm^3 und sind oft äußerlich nicht leicht als solche zu erkennen.

Es ist hier nicht möglich, auf die Besonderheiten der sehr vielen Kunststoff-Arten einzugehen, die innerhalb der drei genannten Gruppen vorkommen können. Die kunststoffherstellende Industrie ist heute in der Lage, z.B. durch Copolymerisation oder chemische Modifizierung, außerordentlich vielfältige Eigenschaftskombinationen zu erzeugen, was die Erkennung der entsprechenden Kunststoffe zum Teil erheblich erschwert. Die äußere Unterscheidung zwischen Thermoplasten, Duroplasten und Elastomeren erlaubt deshalb nur in einfacheren Fällen bereits Schlüsse auf die chemi-

Tabelle 1   Vergleich verschiedener Kunststoff-Gruppen

	Struktur	Erscheinungsform*	Dichte (g/cm³)	Verhalten beim Erwärmen	Verhalten beim Behandeln mit Lösungsmitteln
Thermoplaste	lineare oder verzweigte Makromoleküle	teilkristallin: biegsam bis hornartig; trüb, milchig bis opak; nur in dünnen Folien klar durchsichtig	0,9 bis etwa 1,4 (Ausnahme PTFE: 2–2,3)	erweichen; schmelzbar, dabei klar werdend; oft fadenziehend, schweißbar (Ausnahmen möglich)	quellbar, in der Regel in der Kälte schwer löslich, aber meist bei Erwärmen, z. B. Polyäthylen in Xylol
		amorph: ungefärbt und ohne Zusätze glasklar; hart bis (z. B. bei Weichmacherzusatz) gummielastisch	0,9 bis 1,9		von wenigen Ausnahmen abgesehen löslich in bestimmten organischen Lösungsmitteln, meist nach vorherigem Quellen
Duroplaste (Duromere) in verarbeitetem Zustand	(meist) engmaschig vernetzte Makromoleküle	hart; meist gefüllt und dann undurchsichtig, Füllstoff-frei transparent	1,2 bis 1,4; gefüllt 1,4 bis 2,0	bleiben hart, nahezu formstabil bis zur chemischen Zersetzung	unlöslich, quellen nicht oder nur wenig
Elastomere	(meist) weitmaschig vernetzte Makromoleküle	gummielastisch dehnbar	0,8 bis 1,3	fließen nicht bis nahe an die Zersetzungstemperatur	unlöslich, oft aber quellbar

* Als grobes Maß für die Härte eines Kunststoffs kann das Verhalten beim Ritzen des Fingernagels dienen: harte ritzen den Nagel, hornartige sind etwa gleich hart, biegsame oder gummielastische lassen sich mit dem Fingernagel ritzen oder eindrücken.

sche Natur eines Kunststoffs, stellt aber oft ein nützliches, zusätzliches Charakterisierungsmittel dar.

Erwähnt werden muß auch, daß Synthese-Fasern und Synthese-Kautschuke trotz des chemisch gleichartigen Aufbaus wie die Kunststoffe nicht zu letzteren gezählt werden. Ihre Erkennung wird deshalb hier nur soweit behandelt, wie sie auch als Kunststoffe vorkommen; z. B. wird Polycaprolactam (Polyamid 6) sowohl für die Faserherstellung als auch als Werkstoff verwendet.

Eine Zusammenstellung der in den folgenden Abschnitten berücksichtigten Kunststoffe, ihrer Kurzzeichen nach DIN 7728 und einiger ausgewählter Handelsnamen (vorwiegend deutscher Produkte) enthält Tab. 2.

Tabelle 2 Wichtige Kunststoffe

2.1. Thermoplaste

Chemische oder technische Bezeichnung	Kurzzeichen nach DIN 7728	Grundbausteine	Einige Handelsnamen bzw. eingetragene Warenzeichen (vorwiegend deutsche Produkte)
Polyäthylen	PE	$-CH_2-CH_2-$	Alkathene, Baylon, Eltex, Hostalen, Lupolen, Marlex, Moplen, Vestolen A
Äthylen-Copolymere	EEA	mit Äthylacrylat	—
	EVAC	mit Vinylacetat	Alkathene, Baylon, Levapren, Levasint, Lupolen
chloriertes Polyäthylen	CPE	sulfochloriert	Hypalon
Polypropylen	PP	$-CH_2-CH(CH_3)-$	Hostalen PP, Moplen, Novolen, Pro-Fax PP Propathene, Vestolen P
Polybuten-1	PB	$-CH_2-CH(CH_2-CH_3)-$	Vestolen BT, Witron
Polyisobutylen	PIB	$-CH_2-C(CH_3)(CH_3)-$	Oppanol, Rhepanol, Vistanex
Poly-4-methylpenten-1	PMP	$-CH_2-CH(CH_2-CH(CH_3)_2)-$	TPX-Harze
Polystyrol	PS	$-CH_2-CH(C_6H_5)-$	Carinex, Hostyren, Lustrex, Polystyrol, Vestyron

Fortsetzung nächste Seite

Fortsetzung Tabelle 2.1

Chemische oder technische Bezeichnung	Kurzzeichen nach DIN 7728	Grundbausteine	Einige Handelsnamen bzw. eingetragene Warenzeichen (vorwiegend deutsche Produkte)
modifiziertes Polystyrol (schlagzäh) Styrol-Copolymere	SB	Pfropfcopolymere mit Polybutadien Pfropfcopolymere mit EPDM-Kautschuk mit Acrylnitril	Hostyren, Lustrex, Polystyrol, Vestyron Hostyren XS
ABS	SAN ABS	Polymere aus Acrylnitril, Butadien, Styrol	Luran, Lustran Cycolac, Lustran, Novodur, Terluran
ASA	ASA	Polymere aus Acrylnitril, Styrol, Acrylester	Luran
Polyvinylchlorid	PVC	$-CH_2-CH-$ $\|$ Cl	Hostalit, Solvic, Vestolit, Vinoflex, Vinnol
modifiziertes PVC (schlagzäh)	–	mit EVA-Colpolymeren bzw. EVA/VC-Pfropfcopolymeren	Vestolit Bau, Vinnol
		mit chloriertem Polyäthylen	Hostalit Z
Polyvinylidenchlorid	PVDC	$-CH_2-C\diagdown$ $Cl\ \ Cl$	
Polytetrafluoräthylen Polytetrafluoräthylen-Copolymere	PTFE PETFE PFEP	$-CF_2-CF_2-$ Copolymeres mit Äthylen Copolymeres mit Hexafluorpropylen	Fluon, Hostaflon,TF, Teflon Hostaflon ET, Teflon Neoflon, Teflon
Polytrifluorchloräthylen	PCTFE	$-CF_2-CF-$ $\|$ Cl	Fluorothene, Kel-F
Trifluorchloräthylen-Copolymere	PECTFE	Copolymere mit Äthylen	Halar

1. Kunststoffe und ihre Erscheinungsformen

Perfluoralkoxy-Polymere	PFA	$-CF_2-CF_2-CF-CF_2-$ $\quad\quad\quad\quad\quad\quad\quad\mid$ $\quad\quad\quad\quad\quad\quad\quad O-R$ mit $R = C_nF_{2n+1}$	Teflon PFA (n = 3)
Polyvinylfluorid	PVF	$-CH_2-CH-$ $\quad\quad\quad\quad\mid$ $\quad\quad\quad\quad F$	Tedlar (Folie)
Polyvinylidenfluorid	PVDF	$-CH_2-CF_2-$	Dyflon, Solef
Polyacrylnitril	PAN	$-CH_2-CH-$ $\quad\quad\quad\quad\mid$ $\quad\quad\quad\quad CN$	Barex, Cyclesafe, Lopac, (alle sind Copolymere mit Styrol)
Polyacrylsäureester	–	$-CH_2-CH-$ $\quad\quad\quad\quad\mid$ $\quad\quad\quad\quad COOR$ mit verschiedenen Alkoholresten R	Acronal, Plextol (Dispersionen)
Polymethylmethacrylat	PMMA	$\quad\quad\quad\quad CH_3$ $\quad\quad\quad\quad\mid$ $-CH_2-C-$ $\quad\quad\quad\quad\mid$ $\quad\quad\quad\quad COOCH_3$	Degalan, Perspex, Plexiglas, Resarit
Methylmethacrylat-Copolymere	AMMA	Copolymere mit Acrylnitril	Oroglas, Plexidur plus
Polyphenylenoxid	PPO	![Struktur: 2,6-Dimethylphenylenoxid mit CH₃ Gruppen]	PPO

Fortsetzung nächste Seite

Fortsetzung Tabelle 2.1

Chemische oder technische Bezeichnung	Kurzzeichen nach DIN 7728	Grundbausteine	Einige Handelsnamen bzw. eingetragene Warenzeichen (vorwiegend deutsche Produkte)
modifiziertes PPO		mit Polystyrol	Noryl
Polycarbonat	PC	$-\bigcirc-\underset{\underset{CH_3}{\mid}}{\overset{\overset{CH_3}{\mid}}{C}}-\bigcirc-O-CO-O-$	Lexan, Makrolon
Polyäthylenterephthalat	PETP	$-CH_2-CH_2-O-CO-\bigcirc-CO-O-$	Arnite, Crastin, Pocan, Ultralen, Vestodur
Polybutylenterephthalat	PBTP	$-(CH_2-CH_2)_2-O-CO-\bigcirc-CO-O-$	Arnite, Celanex, Crastin, Pocan, PTMT, Tenite, Ultradur, Vestodur
Polyamide	PA		
Polyamid-6	PA 6	$-NH(CH_2)_5CO-$	Durethan B, Grilon, Maranyl, Orgamid, Technyl, Ultramid B
Polyamid-6,6	PA 66	$-NH(CH_2)_6NH-CO(CH_2)_4CO-$	Durethan A, Maranyl, Technyl, Ultramid A, Zytel
Polyamid 6.10	PA 610	$-NH(CH_2)_6NH-CO(CH_2)_8CO-$	Maranyl, Technyl, Ultramid S, Zytel
Polyamid-11	PA 11	$-NH(CH_2)_{10}CO-$	Rilsan B
Polyamid-12	PA 12	$-NH(CH_2)_{11}CO-$	Grilamid, Rilsan A, Vestamid
aromatisches PA	–	mit Terephthalsäure	Trogamid T
Polyphenylensulfid	PPS	$-\bigcirc-S-$	Ryton

	PES		
Polyäthersulfon	PES	[Struktur: Diphenylsulfon mit OCH₃]	Polyäthersulfon
		[Struktur: Bisphenol-A-Polyäthersulfon mit O=S=O]	Udel
Cellulose (R=H) -acetat (R=COCH₃) -acetobutyrat -propionat (R=CO–CH₂–CH₃)	CA CAB CP	[Cellulose-Struktur mit CH_2–OR, CH–O–, CH–O, CH–CH, OR OR, –CH]	Cellidor, Cellit, Tenite
-nitrat (R=NO₂) Methylcellulose (R=CH₃)	CN MC		Celluloid (mit Campher) —
Äthylcellulose (R=C₂H₅)	EC		

Fortsetzung nächste Seite

Fortsetzung Tabelle 2.1

Chemische oder technische Bezeichnung	Kurzzeichen nach DIN 7728	Grundbausteine		Einige Handelsnamen bzw. eingetragene Warenzeichen (vorwiegend deutsche Produkte)
Harze, Dispersionen und andere Spezialprodukte				
Polyvinylacetat	PVAC	$-CH_2-CH-$ $\quad\quad\mid$ $\quad\quad O-CO-CH_3$		Mowilith, Vinnapas
Vinylacetat-Copolymere		VAC/Maleinat VAC/Versatat VAC/Acrylat VAC/Äthylen		
Polyvinylalkohol	PVAL	$-CH_2-CH-$ $\quad\quad\mid$ $\quad\quad OH$		Mowiol, Polyviol
Polyvinyläther	PVA	$-CH_2-CH-$ $\quad\quad\mid$ $\quad\quad OR$	mit verschiedenen Resten R	Lutonal
Polyvinylacetale	PVB PVFO	mit Butyraldehyd mit Formaldehyd		Mowital, Pioloform
Polyoxymethylen (Polyacetal)	POM	$-CH_2-O-$		Delrin, Hostaform, Ultraform
sogen. chlorierter Polyäther	–	$\quad\quad CH_2Cl$ $\quad\quad\mid$ $-CH_2-C-O-$ $\quad\quad\mid$ $\quad\quad CH_2Cl$		Penton

1. Kunststoffe und ihre Erscheinungsformen

Silikone	SI	$\begin{array}{c} R \\ \mid \\ -Si-O- \\ \mid \\ R \end{array}$ R = z.B. CH_3	Baysilon, Wacker-Silicone (als Harze, Lackharze, Öle, Kautschuke mit verschiedenen Namen, z.T. auch härtbar)
Vulkanfiber	VF	—	
Casein	CS	$-NH-CO-$ (Polypeptid aus Milcheiweiß vernetzt mit Formaldehyd)	Galalith

Fortsetzung nächste Seite

2.2 Härtbare Kunststoffe*

Chemische oder technische Bezeichnung	Kurzzeichen nach DIN 7728	Ausgangsstoffe	Reaktive Gruppen oder Härter	Anwendungsformen
Phenoplaste				
Phenolharze	PF	Phenol und substituierte Phenole (z.B. Kresole) und Formaldehyd	$-CH_2OH$; $-\underset{OH}{\bigcirc}$	Novolake, nicht selbsthärtend; Härtung z.B. mit Hexamethylentetramin (Urotropin) Resole (Härtung unter Druck und Hitze, evtl. mit Katalysatoren zu Resiten)
Kresolharze	CF	Kresol und Formaldehyd		
Aminoplaste				
Harnstoff-Formaldehyd-Harz	UF	Harnstoff (selten auch Thioharnstoff) und Formaldehyd	$-NH_2$; $-NH-CH_2OH$; $-N(CH_2OH)_2$	Vorprodukte als wässrige Lösung oder fest; Härtung unter Druck und mit Hitze, evtl. saure Katalysatoren
Melamin-Formaldehyd-Harze	MF	Melamin und Formaldehyd		
Ungesättigte Polyester-Harze glasfaserverstärkte UP-Harze	UP GUP bzw. GF-UP	Polyester mit ungesättigten Dicarbonsäuren, meist Maleinsäure, gesättigte Säuren wie Bernsteinsäure, Adipinsäure, Phthalsäure und Diolen, z.B. Butandiol	$-CO-CH=CH-CO-$	Polyester meist in Styrol, selten in anderen Monomeren gelöst; Härtung durch radikalische Copolymerisation mit kalt oder heiß wirkenden Katalysatoren

1. Kunststoffe und ihre Erscheinungsformen

Epoxid-Harze	EP	aus Di- oder Polyolen oder Bisphenolen und Epichlorhydrin oder anderen epoxidbildenden Komponenten	$-CH-CH-$ \ O /	Flüssige oder feste Vorprodukte, die heiß, z.B. mit Dicarbonsäuren oder -anhydriden, oder kalt, z. B. mit Di- oder Polyaminen, gehärtet werden.
Polyurethane	PUR	Di- oder Polyisocyanate reagieren mit Di- oder Polyolen zu vernetzten harten oder weichen (meist elastischen) Produkten	$-N=C=O + HO-$ $-NH-CO-O-$	Isocyanate (Handelsnamen z.B. Desmodur, Elastonat, Lupranat) und OH-Gruppen haltige Verbindungen (z.B. Desmophene, Elastophene, Lupranol) werden in flüssiger oder geschmolzener Form umgesetzt.

* Da der chemische Aufbau von vernetzten Kunststoffen nur unvollständig angegeben werden kann, werden hier nur Ausgangsstoffe und wichtige reaktive Gruppen aufgeführt. Wegen der zahlreichen, z.T. sehr verschiedenen Anwendungsformen, unterschiedlicher Füllstoffe usw. gibt es sehr viele Typen, so daß keine Handelsnamen genannt werden.

2.3 Elastomere*

Chemische oder technische Bezeichnung	Kurzzeichen nach DIN 7728	Ausgangsstoffe	typische Grundbausteine	
Polybutadien	BR	Butadien	$-CH_2-CH=CH-CH_2-$	1,4-Verknüpfung (cis oder trans)
			$-CH_2-CH-$ $\|$ $CH=CH_2$	1,2-Verknüpfung, evtl. iso-, syn- oder ataktisch
Polychloropren (Handelsnamen: Neopren, Perbunan)	CR	Chloropren	$-CH_2-C=CH-CH_2-$ $\|$ Cl	und Strukturisomere
Polyisopren	NR	Isopren als Naturkautschuk	$-CH-C=CH-CH_2-$ $\|$ CH_3	cis-1,4-Polyisopren (Guttapercha oder Balata: trans-1,4-Polyisopren)

Buna N	NBR	Acrylnitril und Butadien
Buna S	SBR	Styrol und Butadien
Butylkautschuk	IIR	Isobutylen und wenig Isopren
Äthylen-Propylen-Kautschuk	EPM EPDM oder EPD	Äthylen und Propylen EPM mit Dienkomponenten
Fluorkautschuk	FE	Fluorhaltige Olefine
Chlorhydrinkautschuk	CHR	Epichlorhydrin-Äthylenoxid-Copolymere
Propylenoxidkautschuk	POR	Copolymere aus Propylenoxid und Allylglycidyläther

* Von den Elastomeren werden nur die wichtigsten Vertreter mit ihren Kurzzeichen, den Ausgangsstoffen sowie typischen Grundbausteinen (in unvulkanisiertem Zustand) aufgeführt.

2. Allgemeines zur Kunststoff-Analyse

2.1 Gang der Analyse

Bei jeder Kunststoff-Analyse beginnt man zuerst mit verschiedenen Vorproben. Neben der Feststellung einiger typischer Merkmale wie Löslichkeit, Dichte, Erweichungs- und Schmelzverhalten spielt besonders das Verhalten beim Erhitzen im Glühröhrchen (Pyrolysetest) und in der offenen Flamme (Brennprobe) eine wichtige Rolle. Falls damit nicht bereits eine sichere Aussage möglich ist, prüft man sodann auf die Anwesenheit der sogenannten Heteroelemente Stickstoff, Halogene (besonders Chlor und Fluor) sowie Schwefel. Hieran kann sich ein systematischer, vor allem auf der Löslichkeitsprüfung und einigen einfachen spezifischen Tests beruhender Analysengang anschließen. Daneben stellt man eventuell noch die Anwesenheit anorganischer oder organischer Füllstoffe oder sonstiger Begleitstoffe, z.B. Weichmacher oder Stabilisatoren, fest, wobei allerdings mit einfachen Hilfsmitteln nur selten zuverlässige Aussagen über deren Art und Menge möglich sind.

2.2. Probenvorbereitung

Kunststoffe kommen in der Praxis als Rohmaterial in Form von Pulver, Granulat oder seltener als Dispersionen vor; verarbeitet treten sie z. B. als Folien, Platten, Profile oder geformte Fertigteile auf.

Bei einigen Vorproben kann der zu untersuchende Kunststoff direkt in der vorliegenden Form (Granulat, Späne etc.) verwendet werden, z. B. bei der Brennprobe. Für die meisten Prüfungen ist es aber günstiger, wenn die Probe in möglichst feinverteiltem oder pulvrigem Zustand vorliegt. Zum Zerkleinern eignet sich eine Mühle (eventuell genügt eine kleine Kaffeemühle); bei starkem Abkühlen durch Zugabe von Trockeneis (festes Kohlendioxid) werden zähe oder elastische Kunststoffe vielfach spröde; außerdem vermeidet man so zu starkes Erhitzen beim Mahlen.

Sehr oft enthalten verarbeitete Kunststoffe Zusätze wie Weichmacher, Stabilisatoren, Füllstoffe oder Farbstoffe bzw. Pigmente. Bei den einfachen, meist nicht sehr spezifischen Vorproben stören solche Zusatzstoffe in der Regel kaum. Für quantitative Bestimmungen oder zum sicheren Identifizieren müssen sie aber i. a. vorher abgetrennt werden. Hierfür kommen Extraktionsverfahren (s. Abb. 2) oder Aus-

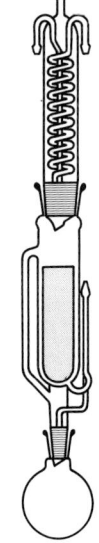

Abb. 2. Soxhlet-Extraktor. Die Extraktionsflüssigkeit wird im Rundkolben zum Sieden gebracht; der Dampf kondensiert in dem aufgesetzten Rückflußkühler. Die Flüssigkeit tropft von da auf die in der Hülse befindliche feste Probe. Sobald der Flüssigkeitsstand im Extraktionsraum das obere Heberknie erreicht hat, fließt die Lösung in den Kolben zurück. Das Lösungsmittel muß spezifisch leichter sein als das Extraktionsgut.

fälloperationen in Frage. Verarbeitungshilfsstoffe wie Stabilisatoren, Gleitmittel u. a. lassen sich ebenso wie Weichmacher meist mit Äther oder anderen organischen Lösungsmitteln extrahieren. Sofern man keine Extraktionsgeräte (Soxhlet) zur Verfügung hat, genügt zur Not schon das Schütteln einer feingepulverten Probe mit Äther oder das mehrstündige Kochen in Äther unter Rückfluß (Vorsicht: Äther ist brennbar, keine offene Flamme verwenden).

Nicht vernetzte Polymere lassen sich von Füllstoffen oder Verstärkungsmaterialien (Glasfasern, Ruß) durch Lösen in geeigneten Lösungsmitteln abtrennen (über die Auswahl der Lösungsmittel s. Abschnitt 3.1). Hierbei bleiben alle unlöslichen Anteile zurück; sie können durch Abfiltrieren isoliert werden. Das gelöste Polymere kann durch Eintropfen der Lösung in das etwa 5–10-fache Volumen eines Fällungs- (=Nichtlösungs)mittels zurückgewonnen werden. Als Fällungsmittel eignet sich oft Methanol, eventuell auch Wasser.

Vernetzte Kunststoffe können wegen ihrer Unlöslichkeit auf diese Weise nicht von Füllstoffen abgetrennt werden. Anorganische Füllstoffe lassen sich manchmal durch Abbrennen der Probe in einer Porzellanschale isolieren (z. B. Glasfasern, Kreide etc.), Ruß verbrennt dabei ebenfalls. Vielfach müssen hier jedoch von Fall zu Fall auszuprobierende Methoden angewandt werden.

3. Vorproben

3.1 Löslichkeit

Unter den vielen, z. T. nur in recht speziellen Fällen anwendbaren Lösungsmitteln für Kunststoffe sind folgende besonders vielseitig brauchbar: Benzol, Tetrahydrofuran, Dimethylformamid, Diäthyläther, Aceton, Ameisensäure; geeignet sind unter Umständen auch Methylenchlorid, Äthylacetat, Äthanol oder Wasser. Das Verhalten der wichtigsten Kunststoffe gegenüber einigen Lösungsmitteln ist in den Tab. 3 und 4 zusammengestellt. Für die systematische Analyse von Kunststoffen liefert die Unterscheidung zwischen löslichen und unlöslichen Polymeren eine erste Trennung in zwei Gruppen, die dann mit chemischen Methoden weiter untersucht werden können.[1]

Tabelle 3   Löslichkeit verschiedener Kunststoffe

Polymeres	Lösungsmittel	Nichtlöser
Polyäthylen, Polybuten-1, isotaktisches Polypropylen	p-Xylol*, Trichlorbenzol*, Dekan*, Dekalin*	Aceton, Diäthyläther, niedere Alkohole
ataktisches Polypropylen	Kohlenwasserstoffe, Isoamylacetat	Äthylacetat, Propanol
Polyisobutylen	Hexan, Benzol, Tetrachlorkohlenstoff, Tetrahydrofuran	Aceton, Methanol, Methylacetat

---

[1] D. Braun: Ein einfacher Trennungsgang für die Kunststoff-Analyse, Farbe + Lack 76 (1970) 651

Fortsetzung Tabelle 3

Polymeres	Lösungsmittel	Nichtlöser
Polybutadien, Polyisopren	aliphatische u. aromatische Kohlenwasserstoffe	Aceton, Diäthyläther, niedere Alkohole
Polystyrol	Benzol, Toluol, Chloroform, Cyclohexanon, Butylacetat, Schwefelkohlenstoff	niedere Alkohole, Diäthyläther, Aceton
Polyvinylchlorid	Tetrahydrofuran, Cyclohexanon, Methyläthylketon, Dimethylformamid	Methanol, Aceton, Heptan
Polyvinylfluorid	Cyclohexanon, Dimethylformamid	aliphatische Kohlenwasserstoffe, Methanol
Polytetrafluoräthylen	unlöslich	–
Polyvinylacetat	Benzol, Chloroform, Methanol, Aceton, Butylacetat	Diäthyläther, Petroläther, Butanol
Polyvinylisobutyläther	Isopropanol, Methyläthylketon, Chloroform, aromatische Kohlenwasserstoffe	Methanol, Aceton
Polyacryl- und Polymethacrylsäureester	Chloroform, Aceton, Äthylacetat, Tetrahydrofuran, Toluol	Methanol, Diäthyläther, Petroläther
Polyacrylnitril	Dimethylformamid, Dimethylsulfoxid, konz. Schwefelsäure	Alkohole, Diäthyläther, Wasser, Kohlenwasserstoffe

Polymeres	Lösungsmittel	Nichtlöser
Polyacrylamid	Wasser	Methanol, Aceton
Polyacrylsäure	Wasser, verd. Alkalilaugen, Methanol, Dioxan, Dimethylformamid	Kohlenwasserstoffe, Methylacetat, Aceton
Polyvinylalkohol	Wasser, Dimethylformamid*, Dimethylsulfoxid*	Kohlenwasserstoffe, Methanol, Aceton, Diäthyläther
Cellulose	wäßriges Kupfertetraminhydroxid, wäßriges Zinkchlorid, wäßriges Calciumthiocyanat	Methanol, Aceton
Cellulosetriacetat	Aceton, Chloroform, Dioxan	Methanol, Diäthyläther
Cellulosetrimethyläther	Chloroform, Benzol	Äthanol, Diäthyläther, Petroläther
Carboxymethylcellulose	Wasser	Methanol
aliphatische Polyester	Chloroform, Ameisensäure, Benzol	Methanol, Diäthyläther, aliphatische Kohlenwasserstoffe
Polyäthylenglykolterephthalat	m-Kresol, o-Chlorphenol, Nitrobenzol, Trichloressigsäure	Methanol, Aceton aliphatische Kohlenwasserstoffe
Polyamide	Ameisensäure, konz. Schwefelsäure, Dimethylformamid, m-Kresol	Methanol, Diäthyläther, Kohlenwasserstoffe

Fortsetzung nächste Seite

Fortsetzung Tabelle 3

Polymeres	Lösungsmittel	Nichtlöser
Polyurethane (unvernetzt)	Ameisensäure, γ-Butyrolacton, Dimethylformamid, m-Kresol	Methanol, Diäthyläther, Kohlenwasserstoffe
Polyoxymethylen	γ-Butyrolacton*, Dimethylformamid*, Benzylalkohol*	Methanol, Diäthyläther, aliphatische Kohlenwasserstoffe
Polyäthylenoxid	Wasser, Benzol, Dimethylformamid	aliphatische Kohlenwasserstoffe, Diäthyläther
Polydimethylsiloxan	Chloroform, Heptan, Benzol, Diäthyläther	Methanol, Äthanol

* Oft erst bei höheren Temperaturen löslich.

Zur Prüfung der Löslichkeit gibt man etwa 0,1 g des möglichst feinverteilten Kunststoffs in ein Reagenzglas und setzt 5 bis 10 ml des Lösungsmittels zu. Man schüttelt im Verlauf von einigen Stunden mehrfach gründlich und beobachtet auch etwaiges Quellen der Probe, was unter Umständen recht lange dauern kann. Gegebenenfalls erhitzt man das Glas mit der Probe unter ständigem leichtem Schütteln langsam über der Flamme eines Bunsenbrenners oder besser im siedenden Wasserbad; dabei ist äußerste Vorsicht nötig, um plötzliches Aufsieden und Herausspritzen zu vermeiden, da die meisten organischen Lösungsmittel oder ihre Dämpfe brennbar sind. Wenn die Entscheidung nicht eindeutig ist oder ungelöste Anteile zurückbleiben (z. B. Glasfasern oder anorganische Füllstoffe, wie Kreide etc.), filtriert oder dekantiert man – am besten nachdem die Lösung über Nacht stand – einen Teil der

Tabelle 4 Ausgewählte Lösungsmittel für Kunststoffe

Wasser	Tetrahydrofuran (THF)	sied. Xylol	Dimethylformamid (DMF)	Ameisensäure	unlöslich in diesen Lösungsmitteln
Polyacrylamid	alle unvernetzten Polymeren*	Polyolefine	Polyacrylnitril	Polyamide	Polyfluorkohlenwasserstoffe
Polyvinylalkohol		Styrolpolymere	Polyformaldehyd (siedend)	Polyvinylalkoholderivate	Polyäthylenterephthalat**
Polyvinylmethyläther		Vinylchloridpolymere		Harnstoff- u. Melaminformaldehydkondensate	vernetzte (gehärtete) Polymere
Polyäthylenoxid		Polyacrylester			
Polyvinylpyrrolidon		Polytrifluorchloräthylen			
Polymaleinsäureanhydrid					

* außer: Polyolefine, Polyfluorkohlenwasserstoffe, Polyacrylamid, Polyformaldehyd, Polyamide, Polyurethane, Harnstoff- und Melaminharze

** löslich in Nitrobenzol

überstehenden Flüssigkeit ab und verdampft eine Probe davon auf dem Uhrglas, wobei gelöste Stoffe zurückbleiben. Man kann die erforderlichenfalls filtrierte Lösung auch in ein Nichtlösungsmittel für den betreffenden Kunststoff tropfen, wo etwa gelöste Polymere ausfallen. Als Fällungsmittel kommen vor allem Petroläther oder Methanol in Frage, manchmal auch Wasser.

Die Löslichkeit eines Kunststoffs hängt sehr von seinem chemischen Aufbau und teilweise auch von der Größe des Molekulargewichts ab. Die in Tab. 4 genannten Lösungsmittel erlauben daher nicht immer eine eindeutige Entscheidung.

3.2. Dichte

Die Dichte ρ als Quotient aus Masse M und Volumen V eines Stoffes

$$\rho = \frac{M}{V} [g/cm^3]$$

ist bei Kunststoffen nur bedingt als Kenngröße brauchbar, da insbesondere verarbeitete Kunststoffe oft Hohlräume, Poren oder Fehlstellen enthalten; deshalb wird in solchen Fällen (z. B. bei Schaumstoffen) der Quotient aus Masse und dem durch die äußeren Konturen der Probe begrenzten Volumen als Rohdichte nach DIN 1306 bestimmt. Die echte Dichte kann ebenso wie die Rohdichte prinzipiell durch Wägen der Masse und Bestimmen des Volumens ermittelt werden.

Bei kompakten Körpern ist für die Berechnung des Volumens oft schon das Ausmessen z. B. eines Quaders ausreichend; bei pulverförmigen oder granulierten Proben muß das

Volumen duch Messung der verdrängten Flüssigkeitsmenge, z. B. im Pyknometer, oder mittels Auftriebsverfahren bestimmt werden. In allen Fällen sind relativ genaue Wägungen erforderlich, besonders bei kleinen Probemengen.

Für manche Zwecke einfacher ist das sogenannte Schwebeverfahren[2], bei dem die Probe in einer Flüssigkeit gleicher Dichte zum Schweben gebracht wird. Die Dichte der Flüssigkeit kann dann in bekannter Weise mit Aräometern gemessen werden. Als Flüssigkeiten eignen sich z. B. wässrige Zinkchlorid- oder Magnesiumchloridlösungen. Bei Dichten unter 1 g/cm^3 sind Methanol-Wasser-Gemische brauchbar.

Voraussetzung für die Bestimmung der Dichte nach dem Schwebeverfahren ist natürlich, daß die Probe in dem verwendeten System nicht löslich oder quellbar und einwandfrei benetzbar ist. Man beachte, daß kleine Luftbläschen an der Probenoberfläche die Bestimmung verfälschen können und daher unbedingt entfernt werden müssen. Zusatzstoffe (Ruß, Glasfasern oder andere Füllmaterialien) können die Dichte erheblich beeinflussen; Schaumstoffe lassen sich ebenfalls nicht durch Bestimmung ihre Dichte analysieren.

Wenn genauere Methoden zur Dichtebestimmung nicht zur Verfügung stehen, kann man sich damit helfen, daß man die Probe in
Methanol (Dichte ρ bei 20°C : 0,79 g/cm^3),
Wasser (ρ = 1,00 g/cm^3),
gesättigte wässrige Magnesiumchloridlösung (ρ = 1,34 g/cm^3) bzw.
gesättigte wässrige Zinkchloridlösung (ρ = 2,01 g/cm^3) bringt und prüft, ob sie schwimmt, schwebt oder sinkt, d. h. eine geringere, gleiche oder höhere Dichte als die Prüf-

---

[2] B. Gnauck: Beitrag zur Bestimmung der Rohdichte von Kunststoffen, Gummi, Asbest, Kunststoffe 21 (1968) 956

flüssigkeit besitzt. Tab. 5 enthält die Rohdichten der wichtigsten Kunststoffe, wobei gewisse Schwankungen vorkommen können.

Zur Herstellung der gesättigten Lösungen bringt man chemisch reines $ZnCl_2$ oder $MgCl_2$ portionsweise unter Schütteln oder Rühren in destilliertes Wasser, bis sich bei weiterer Zugabe nichts mehr löst und ein sogenannter Bodenkörper zurückbleibt. Man beachte, daß der Lösungsvorgang relativ langsam ist, und daß die gesättigten Lösungen ziemlich viskos sind.

Für die Herstellung von einem Liter gesättigter Lösung benötigt man etwa 1575 g $ZnCl_2$ bzw. 475 g $MgCl_2$. Beide Lösungen sind hygroskopisch, so daß sie in verschlossenen Flaschen aufzubewahren sind.

Tabelle 5. Rohdichten wichtiger Kunststoffe

Dichte (g/cm³)	Kunststoff
0,80	Silikongummi
0,85 – 0,92	Polypropylen
0,89 – 0,93	Hochdruck-Polyäthylen
0,91 – 0,92	Polybuten-1
0,91 – 0,93	Polyisobutylen
0,92 – 1,0	Naturkautschuk
0,94 – 0,98	Niederdruck-Polyäthylen
1,01 – 1,04	Polyamid 12
1,03 – 1,05	Polyamid 11
1,04 – 1,06	Acrylnitril-Butadien-Styrol-Copolymere (ABS)
1,04 – 1,08	Polystyrol
1,05 – 1,07	Polyphenylenoxid
1,06 – 1,10	Styrol-Acrylnitril-Copolymere

Fortsetzung nächste Seite

Dichte (g/cm³)	Kunststoff
1,07 – 1,09	Polyamid 610
1,12 – 1,15	Polyamid 6
1,13 – 1,16	Polyamid 66
1,1 – 1,4	Epoxidharze, ungesättigte Polyesterharze
1,14 – 1,17	Polyacrylnitril
1,15 – 1,25	Celluloseacetobutyrat
1,16 – 1,20	Polymethylmethacrylat
1,17 – 1,20	Polyvinylacetat
1,18 – 1,24	Cellulosepropionat
1,19 – 1,35	Weich-PVC (ca. 40% Weichmacher)
1,20 – 1,22	Polycarbonat auf Bisphenol A – Basis
1,20 – 1,26	vernetzte Polyurethane
1,26 – 1,28	Phenol-Formaldehyd-Harze (Füllstoff-frei)
1,21 – 1,31	Polyvinylalkohol
1,25 – 1,35	Celluloseacetat
1,38 – 1,41	Hart-PVC
1,30 – 1,41	organisch gefüllte (Papier, Gewebe) Phenol-Formaldehyd-Harze
1,34 – 1,40	Celluloid
1,38 – 1,41	Polyäthylenterephthalat
1,41 – 1,43	Polyoxymethylen (Polyformaldehyd)
1,47 – 1,52	Harnstoff- und Melamin-Formaldehyd-Harze (organisch gefüllt)
1,47 – 1,55	nachchloriertes Polyvinylchlorid
1,5 – 2,0	anorganisch gefüllte Phenoplaste und Aminoplaste
1,8 – 2,3	glasfasergefüllte Polyester- und Epoxid-Harze
1,86 – 1,88	Polyvinylidenchlorid
2,1 – 2,2	Polytrifluormonochloräthylen
2,1 – 2,3	Polytetrafluoräthylen

3.3. Verhalten beim Erwärmen

Ungehärtete, d. h. nicht vernetzte thermoplastische Kunststoffe erweichen im allgemeinen beim Erwärmen zunächst und beginnen bei weiterem Erhitzen in einem bei amorphen Polymeren meist recht breiten und nicht sehr scharf begrenzten Bereich zu fließen (s. Abb. 3). Teilkristalline Kunststoffe besitzen in der Regel engere Schmelzbereiche, die aber auch stets weniger scharf sind als die Schmelzpunkte von niedermolekularen kristallinen Stoffen. Oberhalb der Fließtemperatur beginnt dann die als thermischer Abbau bezeichnete chemische Zersetzung der Probe (Pyrolyse), wobei niedermolekulare Spaltprodukte entstehen, die häufig

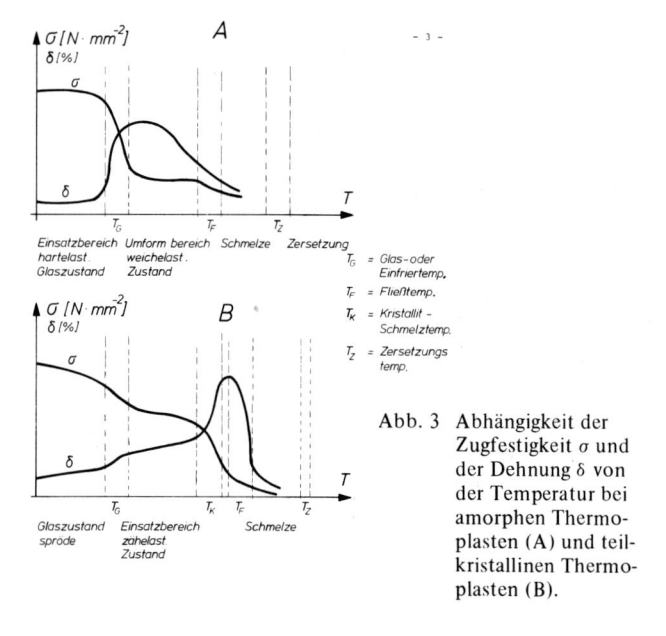

Abb. 3 Abhängigkeit der Zugfestigkeit σ und der Dehnung δ von der Temperatur bei amorphen Thermoplasten (A) und teilkristallinen Thermoplasten (B).

brennbar sind oder einen charakteristischen Geruch besitzen.

Duroplaste und Elastomere zeigen in der Regel kein oder nur geringfügiges Fließen bis zum Zersetzungspunkt (s. Abb. 4), bilden aber dann ebenfalls vielfach typische Abbauprodukte, die wertvolle Hinweise für die Erkennung dieser Kunststoffe liefern.

Neben der Pyrolyse kann auch die Brennprobe nützliche Anhaltspunkte geben, da das Verhalten in der Flamme je nach Art des Kunststoffs deutliche Unterschiede erkennen läßt. Pyrolysetest und Brennprobe gehören daher zu den wichtigsten Vorproben bei der Kunststoffanalyse. Sie erlauben oft direkte Schlüsse, so daß man dann unmittelbar spezifische Prüfungen anschließen kann.

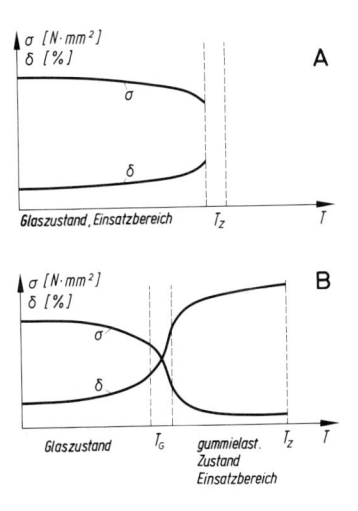

Abb. 4. Abhängigkeit der Zugfestigkeit σ und der Dehnung δ von der Temperatur bei Duroplasten (A) und Elastomeren (B).

3.3.1. Pyrolysetest

Zur Prüfung des Verhaltens eines Kunststoffs in der Hitze
ohne direkte Flammeinwirkung bringt man eine kleine Probe
in ein Glühröhrchen, das am oberen Ende mit einer Klammer
oder Tiegelzange gehalten wird. An das offene Ende des
Röhrchens hält man ein angefeuchtetes Lackmuspapier oder
ein p_H – Papier. Für manche Prüfungen führt man in das
offene Ende des Glühröhrchens ein Stück lockere, mit
Wasser oder Methanol angefeuchtete Watte oder Glaswolle
ein. Man erhitzt nun das Röhrchen über oder in der Sparflamme des Bunsenbrenners mit vom Gesicht abgewandtem
offenem Ende (Vorsicht: Schutzbrille tragen). Das Erhitzen
soll langsam erfolgen, damit man die Veränderungen der
Probe und den Geruch der Zersetzungsgase gut beobachten
kann.

Nach der Reaktion der entweichenden Dämpfe lassen sich
drei Gruppen unterscheiden mit saurer (Rotfärbung von
Lackmuspapier), neutraler (keine Farbänderung) oder
basischer (alkalischer) Reaktion (Blaufärbung von Lackmuspapier). Etwas empfindlicher ist die Prüfung mit p_H – Papier.
Tab. 6 zeigt die Reaktionen der Zersetzungsprodukte der
wichtigsten Kunststoffe. Je nach ihrer Zusammensetzung
können manche Kunststoffe in verschiedenen Gruppen
erscheinen, z. B. Phenolharze oder Polyurethane.

3.3.2. Brennprobe

Zur Prüfung des Verhaltens in der Flamme hält man eine
kleine Probe des Kunststoffs mit einer Pinzette oder auf
einem Spatel in eine kleine Flamme (Sparflamme des
Bunsenbrenners). Man beobachtet die Brennbarkeit innerhalb und außerhalb der Flamme, das Abtropfen brennender

Tabelle 6 Reaktion der Dämpfe von Kunststoffen beim langsamen Erhitzen einer Probe im Glühröhrchen

Lackmuspapier	rot	kaum verändert	blau
p$_H$-Papier	0,5–4,0	5,0–5,5	8,0–9,5
	halogenhaltige Polymere Polyvinylester Celluloseester Polyäthylenterephthalat Novolake Polyurethanelastomere ungesättigte Polyesterharze fluorhaltige Polymere Vulkanfiber Polyalkylensulfide	Polyolefine Polyvinylalkohol Polyvinylacetale Polyvinyläther Styrolpolymere (einschließlich Styrol-Acrylnitril-Copolymere) Polymethacrylsäureester Polyoxymethylen Polycarbonate lineare Polyurethane Silikone Phenolharze Expoxidharze vernetzte Polyurethane	Polyamide ABS-Polymere Polyacrylnitril Phenol- und Kresolharze Aminoplaste (Anilin-, Melamin-, Harnstoff-Formaldehyd-Harze)

oder geschmolzener Teile sowie den Geruch nach dem Verlöschen. Tab. 7 zeigt das Verhalten der wichtigsten Kunststoffe bei der Brennprobe. Allerdings kann die Entflammbarkeit von Kunststoffen durch flammhemmende Zusätze stark beeinflußt werden, so daß in der Praxis Abweichungen von den Angaben in Tab. 7 vorkommen können.

Tabelle 7 **Verhalten von Kunststoffen bei der Brennprobe**

Brennbarkeit	Flamme	Geruch der Dämpfe	Kunststoff
nicht brennbar	—	—	Silikone
	—	stechend nach Flußsäure	Polytetrafluoräthylen
			Polytrifluorchloräthylen
		—	Polyimide
schwer entzündbar erlischt außerhalb der Flamme	hell, rußend	Phenol, Formaldehyd	Phenoplaste
	hellgelb	Ammoniak, Amine Formaldehyd	Aminoplaste
	grüner Saum	Chlorwasserstoff	Chlorkautschuk Polyvinylchlorid, Polyvinylidenchlorid (ohne brennbare Weichmacher)

Brenn-barkeit	Flamme	Geruch der Dämpfe	Kunststoff
erlischt außerhalb der Flamme	leuchtend, rußend	–	Polycarbonate
	gelb, grauer Rauch	–	Silikongummi
	gelborange, blauer Rauch	verbranntes Horn	Polyamide
	dunkelgelb, rußend	Essigsäure	Celluloseacetat
brennt in der Flamme, erlischt außerhalb langsam oder nicht	gelb	Phenol, verbranntes Papier	Phenolharz-schichtstoffe
	leuchtend, Zersetzung	kratzend	Polyvinyl-alkohol
	gelborange	verbrannter Gummi	Polychloro-pren
	gelborange rußend	süßlich, aromatisch	Polyäthylen-terephthalat
	gelb, blauer Rand	stechend (Isocyanat)	Polyurethane
	gelb, blauer Kern	Paraffin	Polyäthylen, Polypropylen
	leuchtend, rußend	scharf	(glasfaserverstärkte) Polyesterharze

Brennbarkeit	Flamme	Geruch der Dämpfe	Kunststoff
leicht entzündbar, brennt außerhalb der Flamme weiter	leuchtend, rußend	süßlich, Stadtgas (Styrol)	Polystyrol
	dunkelgelb, schwach rußend	Essigsäure	Polyvinylacetat
	dunkelgelb, rußend	verbrannter Gummi	Kautschuk
	leuchtend, blauer Kern, knisternd	süßlich fruchtig	Polymethylmethacrylat
	bläulich	Formaldehyd	Polyoxymethylen
	dunkelgelb, schwach rußend	Essigsäure und Buttersäure	Celluloseacetobutyrat
	hellgrün, Funken	Essigsäure	Celluloseacetat
	gelborange	verbranntes Papier	Cellulose
	hell, heftig	Stickoxide	Cellulosenitrat

3.3.3. Schmelzverhalten

Wie schon ausgeführt wurde, erweichen oder schmelzen nur unvernetzte Kunststoffe; in einigen Fällen liegen die Erweichungs- oder Schmelzbereiche aber oberhalb des Gebietes, in dem die Polymeren thermisch stabil sind. Hier beginnt dann die Zersetzung, ohne daß vorher ein Schmelzen der Probe erkenntlich wird. Bei vernetzten Kunststoffen tritt in der Regel bis kurz vor den Beginn des chemischen Abbaues kein Erweichen ein, so daß dies ein – allerdings nicht eindeutiges – Kennzeichen aller gehärteten Duroplaste ist, (s. Abb. 4). Allgemein gilt außerdem, daß hochmolekulare Stoffe keine so scharfen Schmelzpunkte haben wie kristalline niedermolekulare organische Verbindungen. (s. Abb. 3)

Recht charakteristisch sind auch die Glas- oder Einfriertemperaturen von Polymeren, d.h. die Temperaturen, bei denen bestimmte Molekülsegmente beweglich werden, ohne daß bereits ganze Molekülketten aneinander vorbei gleiten können und dadurch das viskose Fließen beginnt. Die Bestimmung der Glastemperatur ist mit einfachen Hilfsmitteln kaum möglich, zumal die Werte bei manchen Kunststoffen weit unter Raumtemperatur liegen. Als Methoden seien die Differentialthermoanalyse, die Messung der Temperaturabhängigkeit des Brechungsindex oder der mechanischen Eigenschaften (Elastizitätsmodul u.a.) genannt.

Die Bestimmung der Erweichungsbereiche von Kunststoffen kann mit den üblichen Methoden der organischen Chemie erfolgen, z.B. im Schmelzpunktsröhrchen oder auf dem Heiztischmikroskop. Gut geeignet ist auch die sog. Heizbank, mit der man Schmelzpunkte auf 2 bis 3°C genau ermitteln kann (Abb. 5). Allerdings hängen die erhaltenen Werte oft merklich von der Geschwindigkeit des Erhitzens und von etwaigen Zusatzstoffen, besonders Weichmachern, ab. Am sicher-

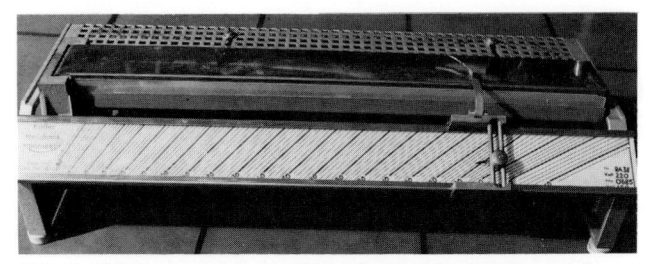

Abb. 5. Heizbank. Auf der ca. 40 cm langen Metallschiene wird durch eingebaute Widerstandsheizung ein linearer Temperaturgradient von 50 bis 250°C erzeugt. Die möglichst fein verteilte Probe wird direkt auf die Schiene gebracht. An der Grenze zwischen Pulver und Schmelze kann die Temperatur von einer Skala abgelesen werden.

sten sind noch die Schmelzpunkte von teilkristallinen Polymeren zu erkennen; so lassen sich z.B. die verschiedenen Polyamide gut unterscheiden (vgl. Abschnitt 6.2.10). Auf eine umfangreiche Zusammenstellung von Erweichungs- und Schmelzbereichen sei hier nur hingewiesen [3]. Einige Angaben für die wichtigsten Thermoplaste enthält Tab. 8.

Tabelle 8   Erweichungs- und Schmelzbereiche der wichtigsten Thermoplaste

Thermoplast	Erweichungs- bzw. Schmelzbereich (°C)
Polyvinylacetat	35– 85
Polystyrol	70–115
Polyvinylchlorid	75– 90 (Erweichung)
Polyäthylen Dichte 0,92 g/cm³	ca. 110
Dichte 0.94 g/cm³	ca. 120
Dichte 0.96 g/cm³	ca. 130

[3] A. Krause und A. Lange: Kunststoff-Bestimmungsmöglichkeiten, 2. Auflage, C. Hanser Verlag, München 1970

Thermoplast	Erweichungs- bzw. Schmelzbereich (°C)
Polybuten-1	125–135
Polyvinylidenchlorid	115–140 (Erweichung)
Polymethacrylsäuremethylester	120–160
Celluloseacetat	125–175
Polyacrylnitril	130–150 (Erweichung)
Polyoxymethylen	165–185
Polypropylen	160–170
Polyamid 12	170–180
Polyamid 11	180–190
Polytrifluorchloräthylen	200–220
Polyamid 610	210–220
Polyamid 6	215–225
Polycarbonat	220–230
Poly-4-methyl-penten-1	240
Polyamid 66	250–260
Polyäthylenterephthalat	250–260

4. Prüfung auf Heteroelemente

Die beschriebenen einfachen Vorproben reichen nicht immer aus, um einen unbekannten Kunststoff sicher zu erkennen. Dann läßt sich die Verwendung chemischer Reaktionen zur Identifizierung nicht umgehen. Als erstes wird auf die sog. Heteroelemente geprüft; hierunter versteht man die außer Kohlenstoff und Wasserstoff anwesenden anderen Elemente wie Stickstoff (N), Schwefel (S), Chlor (Cl), Fluor (F), Silizium (Si) und ggf. Phosphor (P). Leider gibt es bisher keine einfach auszuführende direkte Methode zum sicheren Erkennen von Sauerstoff (O), so daß hierauf qualitativ nicht geprüft werden kann. Auch die folgenden Reaktionen setzen einige experimentelle Fertigkeiten voraus.

Zum qualitativen Nachweis der Elemente Stickstoff, Schwefel und Chlor dient meist der sog. Lassaigne-Aufschluß. Dazu werden ca. 50 bis 100 mg der möglichst feinverteilten Probe mit einem erbsengroßen Stück Natrium oder Kalium in einem Glühröhrchen vorsichtig in der Bunsenflamme bis zum Schmelzen des Metalls erhitzt. (Vorsicht: Schutzbrille, Öffnung des Röhrchens von den Augen abwenden. Die Probe muß wasserfrei sein, da sonst eine heftige explosionsartige Reaktion mit dem Metall eintreten kann. Natrium und Kalium sind unter Petroleum oder einem ähnlichen inerten Kohlenwasserstoff aufzubewahren; bei Gebrauch wird die benötigte Menge mit einer Pinzette festgehalten und mit einem Messer oder einem Spatel auf Filtrierpapier abgeschnitten und oberflächlich mit dem Papier abgetrocknet; dann sofort verwenden, Reste in die Flasche mit Petroleum zurückgeben, keinesfalls mit Wasser vernichten!).

Das rotglühende Röhrchen wird dann vorsichtig in ein kleines Becherglas mit ca. 10 ml destilliertem Wasser geworfen, so daß das Glührohr springt und die Reaktionsprodukte in Lösung gehen. Etwa unverbrauchtes Metall setzt sich dabei mit Wasser um, deshalb sollte man vorsichtig mit einem Glasstab rühren, bis keine Reaktion mehr erfolgt. Die meist farblose Flüssigkeit wird dann filtriert oder durch behutsames Abheben mit einer kleinen Pipette von Glassplittern und verkohlten Anteilen getrennt. Für die folgenden Proben werden je etwa 1 bis 2 ml dieser Urlösung in Reagenzgläsern verwendet.

Stickstoff: Man setzt eine kleine Spatelspitze Eisen(II)-sulfat zu, kocht kurz auf, läßt wieder abkühlen und gibt einige Tropfen 1,5 proz. Eisen(III)-chloridlösung zu. Nach dem Ansäuern mit verdünnter Salzsäure tritt ein Niederschlag von Berliner Blau auf; bei Anwesenheit von wenig Stickstoff erhält man eine schwachgrüne Lösung, aus der erst nach mehrstündigem Stehen ein Niederschlag ausfällt. Wenn die Lösung gelb bleibt, ist kein Stickstoff vorhanden.

Schwefel: Die Lösung wird mit etwa 1proz. wässriger Natriumnitroprussiat-Lösung versetzt: eine tief violette Färbung zeigt Schwefel an. Die Reaktion ist sehr empfindlich. Zur Kontrolle kann man einen Tropfen der zu prüfenden alkalischen Urlösung auf eine Silbermünze geben: Bei Anwesenheit von Schwefel tritt ein brauner Fleck vom Silbersulfid auf. Man kann aber auch die Urlösung mit Essigsäure ansäuern (prüfen mit Lackmus- oder p_H-Papier) und mit einigen Tropfen wässriger 2N Bleiacetatlösung versetzen oder mit Bleiacetatpapier prüfen. Ein schwarzer Niederschlag von Bleisulfid bzw. die Dunkelfärbung des Papiers zeigt Schwefel an.

Chlor (sowie *Brom* und *Jod*, die aber selten vorkommen):

Die Urlösung wird mit verdünnter Salpetersäure angesäuert und mit etwas Silbernitratlösung (ca. 2 g in 100 ml dest. Wasser lösen; Lösung im Dunkeln oder in brauner Flasche aufbewahren) versetzt. Ein weißer flockiger Niederschlag, der sich beim Zugeben eines Überschusses an Ammoniak wieder löst, zeigt Chlor an. Schwachgelbe Färbung des Niederschlags und dessen Schwerlöslichkeit in Ammoniak spricht für Brom; ein gelber Niederschlag, der sich in Ammoniak nicht löst, ist charakteristisch für Jod.

Fluor: Die mit verdünnter Salzsäure oder Essigsäure angesäuerte Urlösung wird mit einer 1N Calciumchlorid-Lösung versetzt; eine gallertige Fällung von Calciumfluorid zeigt Fluor an (vgl. auch weiter unten).

Phosphor: Bei Zusatz von Ammoniummolybdat-Lösung zu der mit Salpetersäure angesäuerten Urlösung entsteht nach etwa einer Minute Erhitzen ein gelber Niederschlag. Die Molybdatlösung stellt man durch Auflösen von 30 g Ammoniummolybdat in ca. 60 ml heißem Wasser her; nach dem Abkühlen füllt man mit Wasser auf 100 ml auf und gibt dann in dünnem Strahl eine Lösung von 10 g Ammoniumsulfat in 100 ml 55proz. Salpetersäure (aus 16 ml Wasser und 84 ml konz. Salpetersäure) zu. Nach einem Tag wird vom Niederschlag abgesaugt (evtl. abhebern) und die

Silizium: Lösung dann gut verschlossen im Dunkeln aufbewahrt.

Silizium: In einem kleinen Platinschälchen oder Nickeltiegel werden ca. 30–50 mg des Kunststoffs mit 100 mg trockenem Natriumcarbonat und 10 mg Natriumperoxid (Vorsicht!) gemischt und langsam über der Flamme geschmolzen. Nach dem Abkühlen wird in einigen Tropfen Wasser gelöst, kurz aufgekocht und mit verdünnter Salpetersäure neutralisiert oder schwach angesäuert. Die Lösung wird dann mit einem Tropfen Molybdat-Lösung (s. oben bei Phosphor) versetzt, fast bis zum Sieden erhitzt und nach dem Abkühlen mit 1 Tropfen Benzidinlösung (50 mg Benzidin in 10 ml 50proz. Essigsäure lösen, auf 100 ml mit Wasser auffüllen) versetzt. Dann fügt man einen Tropfen einer gesättigten wässrigen Natriumacetatlösung zu; Blaufärbung zeigt Silizium an.

Andere Nachweisreaktionen:

Halogene, besonders Chlor, lassen sich leicht und sehr empfindlich mit der sogenannten Beilsteinprobe nachweisen: Dazu wird das Ende eines Kupferdrahtes in der nicht leuchtenden Bunsenflamme ausgeglüht bis die Flamme farblos ist. Nach dem Abkühlen wird eine kleine Probe der zu untersuchenden Substanz auf den Draht gebracht und am Rand der farblosen Flamme erhitzt. Nach dem Verbrennen des Kunststoffs erkennt man bei Anwesenheit von Halogenen eine grüne bis blaugrüne Färbung der Flamme.

Fluor läßt sich auch dadurch nachweisen, daß man ca. 0,5 g des Kunststoffs in einem kleinen

Reagenzglas in der Bunsenflamme pyrolysiert; nach dem Erkalten werden wenige ml konzentrierte Schwefelsäure zugesetzt. Bei Anwesenheit von Fluor tritt eine charakteristische Unbenetzbarkeit der Wand des Glases ein (evtl. Vergleichsprobe mit bekannter fluorhaltiger Probe anstellen).

Aus den Ergebnissen der Prüfung auf Heteroelemente lassen sich wichtige Folgerungen ziehen:

Chlor kommt in chlorhaltigen Kunststoffen, besonders PVC, chloriertem Polyäthylen und Kautschukhydrochlorid, vor. Auch manche Weichmacher enthalten Chlor; Flammschutzmittel sind oft chlor- oder bromhaltig.

Stickstoff enthalten Polyamide, Aminoplaste, Cellulosenitrat, aber auch mit Nitrolacken behandelte Zellglasfolien.

Schwefel in gummielastischen Stoffen deutet auf vulkanisierten Kautschuk oder auf Polysulfone oder Polysulfide hin.

Phosphor kommt in Kunststoffen selbst kaum vor (z. B. in Casein), wohl aber in Phosphatweichmachern oder manchen Stabilisatoren und Flammschutzmitteln.

Eine Zusammenstellung der wichtigsten Kunststoffe nach Heteroelementen enthält Tab. 9.

Tabelle 9 Einteilung von Kunststoffen nach ihren Heteroelementen (in Anlehnung an Kupfer[4])

Hetero-+ elemente −	O			Halogene	N	S	Si		N, S, P
	unverseifbar	verseifbar* VZ<200	verseifbar* VZ>200						
	N, Halogene, S, P, Si			N, S, P, Si	Hal., S, P, Si	N, Hal., P, Si	Si	Hal., P Si	Hal., Si
	Polyolefine Polystyrol Polyisopren Butylkautschuk	Polyvinylalkohol Polyvinyläther Polyvinylacetat Polyglykole Polyaldehyde Phenolharze Xylolharze Cellulose Celluloseäther	Naturharze modifizierte Phenolharze Polyvinylacetat u. Copolymere Polyacryl- u. -methacrylsäureester Polyester Alkydharze Celluloseester	Polyvinylchlorid Polyvinylidenchlorid u. Copolymere Polyfluorkohlenwasserstoffe Chlorkautschuk Kautschukhydrochlorid	Polyamide Polyurethane Polyharnstoffe Aminoplaste Polyacrylnitril u. Copolymere Polyvinylcarbazol Polyvinylpyrrolidon	Polyalkylensulfide Kautschukvulkanis.	Silicone Polykieselsäureester	Thioharnstoffkondensate Sulfamidkondensate	Caseinharze

* VZ = Verseifungszahl

[4] W. Kupfer: Z. analyt. Chem. 192 (1963) 219

5. Analysengang

Auf der Basis der beschriebenen Vorproben und unter Mitbenutzung einiger spezifischer Reaktionen lassen sich die meisten technisch wichtigen Kunststoffe durch einen einfachen Trennungsgang erkennen. Verwendet wird zunächst die Prüfung auf Heteroelemente (Abschnitt 4), sodann die Löslichkeit in verschiedenen Lösungsmitteln (s. Abschnitt 3.1) und gegebenenfalls noch eine weitere charakteristische physikalische Größe oder eine chemische Reaktion.

Wie schon erwähnt wurde, hängt insbesondere die Löslichkeit von Kunststoffen in manchen Fällen vom Molekulargewicht ab, bei Copolymeren aber auch von der Zusammensetzung; dies kann zu Störungen führen. Dann müssen zusätzliche und meist aufwendigere Untersuchungen zu Hilfe genommen werden [5].

Nach den anwesenden Elementen unterscheidet man vier Kunststoff-Gruppen:

	Chlorhaltig oder Fluorhaltig	Stickstoffhaltig	Schwefelhaltig	keine Heteroelemente nachweisbar
Gruppe	I	II	III	IV

Bei den nachfolgenden Löslichkeitsprüfungen (Ausführung s. Abschnitt 3.1) muß jeweils eine neue Probe der Analy-

---
[5] D. Braun, G. Nixdorf: Ein einfacher Trennungsgang für die Kunststoff-Analyse, 2.–4. Mitt. Kunststoffe 62 (1972) 187, 268, 318

sensubstanz verwendet werden. Beim Erwärmen der Lösungsmittel beachte man, daß viele organische Flüssigkeiten oder ihre Dämpfe brennbar sind.

Gruppe I: Chlor- und Fluor-haltige Kunststoffe

Probe in Reagenzglas mit 50proz. Schwefelsäure erhitzen; Geruch nach Essigsäure: Copolymere aus Vinylchlorid und Vinylacetat.

Bei negativem Ausfall prüft man nach Abschnitt 6.2.7 auf das Verhalten gegenüber Pyridin. Die Unterscheidung der hier vorkommenden Kunststoffe aufgrund ihrer Löslichkeit ist langwierig und meist unsicher. In dieser Gruppe muß auch auf fluorhaltige Kunststoffe, besonders Polytetrafluoräthylen und Polytrifluorchloräthylen, geprüft werden, für die jedoch keine einfachen spezifischen Nachweisreaktionen bekannt sind: Zum Erkennen dienen außer der hohen Dichte von 2,1 - 2,2 g/cm³ und ihrer völligen Unlöslichkeit bei Raumtemperatur der Fluornachweis sowie bei Polytrifluorchloräthylen der gleichzeitige positive Ausfall der Prüfung auf auf Chlor. Seltener kommen vor: Polyvinylfluorid und fluorhaltige Elastomere, deren Identifizierung jedoch mit einfachen Mitteln nicht möglich ist.

Gruppe II: Stickstoff-haltige Kunststoffe

Diphenylamin-Test: 0,1 g Diphenylamin werden in 30 ml Wasser suspendiert und dann vorsichtig mit 100 ml konz. Schwefelsäure versetzt. (Vorsicht: Säure langsam zugeben). Ein Tropfen des frischen Reagenzes wird auf einer Tüpfelplatte zu der Kunststoffprobe gegeben: Dunkelblaue Färbung zeigt Cellulosenitrat an.

Bei negativem Ausfall der Prüfung wird auf gebundenen Formaldehyd geprüft: Eine kleine Probe des Kunststoffs wird mit 2 ml konz. Schwefelsäure und einigen Kristallen Chromotropsäure 10 min auf 60–70° C erhitzt. Tiefviolette Färbung zeigt Formaldehyd an (Cellulosenitrat, Polyvinylacetat, Polyvinylbutyral und Celluloseacetat geben rote Färbung; diese Stoffe kommen jedoch im Trennungsgang hier nicht vor.).

Bei positivem Ausfall der Prüfung erhitzt man eine Probe mit 10proz. glykolischer Kalilauge (10 g KOH in ca. 95 ml Äthylenglykol lösen): Geruch nach Ammoniak (nachzuweisen mit feuchtem rotem Lackmuspapier) zeigt Harnstoffharze an. Melaminharze geben keinen Ammoniak, können aber durch die Thiosulfat-Reaktion nachgewiesen und sicher von Harnstoffharzen unterschieden werden. Hierzu wird eine kleine Menge der Analysenprobe zusammen mit einigen Tropfen konz. Salzsäure im Ölbad auf 190–200° C erhitzt, bis Kongorotpapier nicht mehr gebläut wird. Man läßt erkalten und fügt einige Kristalle Natriumthiosulfat zu. Das Glühröhrchen wird mit einem mit 3proz. Wasserstoffperoxid befeuchteten Kongorotpapier bedeckt und im Bad auf 160° C erhitzt: Blaufärbung zeigt Melamin an.

Thioharnstoffharze geben sich durch die gleichzeitige Anwesenheit von Stickstoff und Schwefel zu erkennen (Einzelnachweis s. Abschnitt 6.2.13).

Ist der Formaldehyd-Nachweis negativ verlaufen, wird eine Probe im Reagenzglas mit wasserfreier Soda bedeckt und dann zum Schmelzen erhitzt. Ammoniakgeruch zeigt Polyamide an, stechende Dämpfe, die gegen p_H-Papier neutral oder schwach sauer, manchmal auch basisch reagieren, deuten auf Polyurethane. Ein süßlicher Geruch spricht für Polyacrylnitril; die Dämpfe reagieren deutlich basisch. (Test s. Abschnitt 6.2.4).

Gruppe II: Stickstoffhaltige Kunststoffe

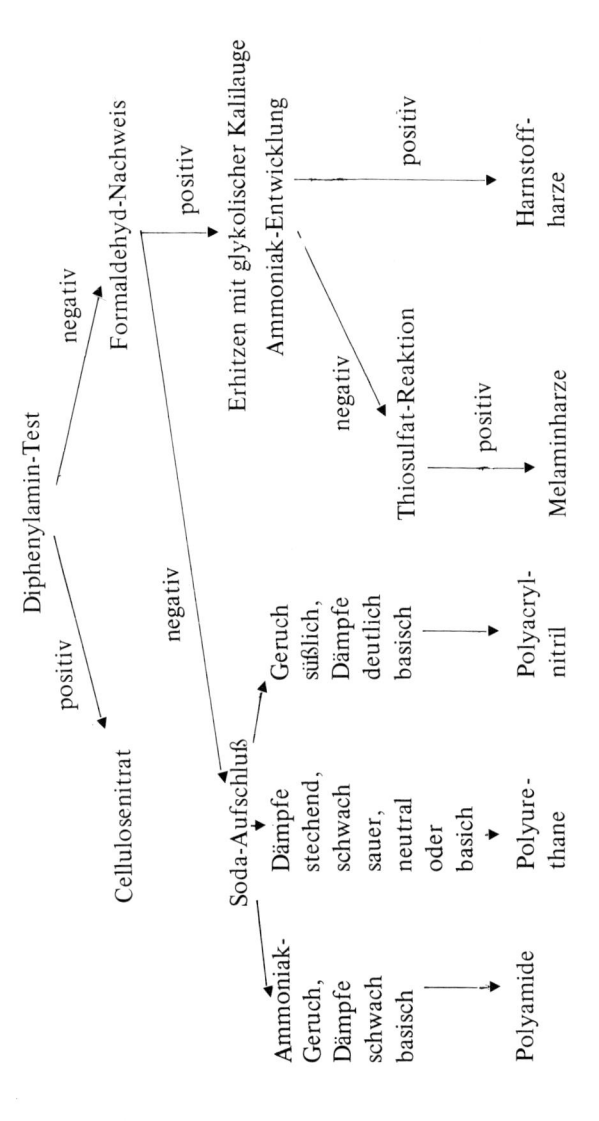

```
                            Diphenylamin-Test
                           /                \
                     positiv                 negativ
                        ↓                       ↓
                  Cellulosenitrat        Formaldehyd-Nachweis
                                          /              \
                                      negativ          positiv
                                         ↓                ↓
                                   Soda-Aufschluß    Erhitzen mit glykolischer Kalilauge
                                                     Ammoniak-Entwicklung
                                                      /            \
                                                  negativ         positiv
                                                     ↓               ↓
                                              Thiosulfat-Reaktion  Harnstoff-
                                                     ↓              harze
                                                 positiv
                                                     ↓
                                               Melaminharze
```

Soda-Aufschluß Verzweigungen:

- **Ammoniak-Geruch, Dämpfe schwach basisch** → Polyamide
- **Dämpfe stechend, schwach sauer, neutral oder basisch** → Polyurethane
- **Geruch süßlich, Dämpfe deutlich basisch** → Polyacrylnitril

Gruppe III: Schwefelhaltige Polymere

Als schwefelhaltige Produkte kommen neben Polyalkylensulfiden, Thioharnstoffharzen und sulfochloriertem Polyäthylen vor allem mit Schwefel vulkanisierte Natur- und Synthesekautschuke in Frage; außerdem gehören in diese Gruppe die als technische Werkstoffe verwendeten Polysulfone. Soweit sie nicht wie Thioharnstoffe durch die gleichzeitige Anwesenheit von Stickstoff in Gruppe II erfaßt wurden, werden sie wegen ihres gummiartigen Verhaltens mit den Nachweisreaktionen für Kautschuke zusammen in Abschnitt 6.2.18 behandelt.

Polyalkylensulfide (Thioplaste) besitzen eine relativ hohe Dichte (1,3 bis 1,6 g/cm^3) und riechen meist merklich nach Schwefelwasserstoff oder Merkaptanen (wie faule Eier), besonders beim Erhitzen, wodurch sie qualitativ erkannt werden können.

Gruppe IV: Kunststoffe ohne Heteroelemente

Die große Gruppe der Kunststoffe ohne Heteroelemente kann mit einem einfachen Trennungsgang nur unvollständig erfaßt werden. Zuerst wird die Probe mit Wasser behandelt; löst sie sich dabei langsam auf, so kann es sich um Polyvinylalkohol handeln (spezifischer Nachweis s. Abschnitt 6.2.6).

Ist der Kunststoff nicht wasserlöslich, so prüft man zuerst auf Formaldehyd (Abschnitt 6.1.4): positiv reagieren aus Gruppe IV nur Phenol-Formaldehyd-Harze und Polyformaldehyd (Polyoxymethylen).

Danach prüft man auf Phenol (Abschnitt 6.1.3), das aus Phenol- und Kresol-Formaldehydharzen sowie aus Epoxidharzen und Polycarbonaten auf Basis von Bisphenol A stammen kann.

Mit einer weiteren Prüfung auf Acetate (Abschnitt 6.2.5) können Vinylacetat-haltige Polymere sowie Celluloseacetat bzw. Celluloseacetobutyrat (Abschnitt 6.2.16) erkannt werden.

Durch diese Untersuchungen werden einige chemisch besonders inerte Kunststoffe nicht erfaßt: Polyäthylen, Polypropylen, Polyisobutylen, Polystyrol, Polymethylmethacrylat, Polyacrylate, Polyäthylenterephthalat, Naturkautschuk, Butadienkautschuke, Polyisopren, Silikone. Zu ihrem Nachweis müssen spezifische Einzelreaktionen herangezogen werden, die in Abschnitt 6 beschrieben sind.

6. Spezifische Nachweise einzelner Kunststoffe

6.1   Allgemeine Nachweisreaktionen

6.1.1   Liebermann-Storch-Morawski-Reaktion

Man löst oder suspendiert einige mg der Probe heiß in 2 ml Essigsäureanhydrid. Nach dem Erkalten gibt man 3 Tropfen 50proz. Schwefelsäure aus gleichen Volumenteilen Wasser und konz. Schwefelsäure zu. Man beobachtet den Farbton sofort, nach 10 min Stehen und nach nochmaligem Erhitzen auf ca. 100°C, d.h. bis knapp unterhalb des Siedens. Der Test ist nicht sehr spezifisch, aber als Hinweis oft brauchbar.

Kunststoff	Farbe		
	sofort	nach 10 min	nach Erhitzen auf ca. 100°C
Phenolharze	rotviolett-rosa	braun	braun-rot
Polyvinylalkohol	farblos-gelblich	farblos-gelblich	grün-schwarz
Polyvinylacetat	farblos-gelblich	blaugrau	braun-schwarz
Chlorkautschuk	gelbbraun	gelbbraun	rötlich gelbbraun
Epoxidharze	farblos bis gelb	farblos bis gelb	farblos bis gelb
Polyurethane	zitronengelb	zitronengelb	braun, grüne Fluoreszenz

6.1.2. Farbreaktion mit p-Dimethylamino-benzaldehyd

0,1 bis 0,2 g der Probe werden im Reagenzglas erhitzt, das Pyrolysat wird in einem Wattebausch aufgefangen. Aus Polycarbonaten entsteht beim Einbringen des Wattebausches in 14proz. methanolische Lösung von p-Dimethylamino-benzaldehyd nach Zusatz von 1 Tropfen konz. Salzsäure eine tiefblaue Färbung; Polyamide zeigen eine bordeauxrote Farbe.

6.1.3. Gibbsche Indophenolprobe

Die Gibbsche Indophenolprobe eignet sich zum Nachweis von Phenol in Phenolharzen, aber auch in Substanzen, die beim Erhitzen Phenol oder Phenolderivate abspalten, also z. B. Polycarbonaten oder Epoxidharzen. Man erhitzt eine kleine Probe maximal 1 min im Glühröhrchen und deckt die Öffnung mit einem Filtrierpapier ab, das mit einer gesättigten ätherischen Lösung von 2,6-Dibromchinon-4-chlorimid getränkt und an der Luft getrocknet wurde. Anschließend hält man das Papier über Ammoniakdampf oder befeuchtet es mit 1 bis 2 Tropfen verdünntem Ammoniak. Eine Blaufärbung zeigt Phenole (Kresole, Xylenole) an.

6.1.4. Formaldehyd-Probe

Man erhitzt eine kleine Probe des Kunststoffs mit 2 ml konz. Schwefelsäure und einigen Kristallen Chromotropsäure 10 min auf 60 - 70°C. Eine kräftig violette Färbung zeigt Formaldehyd an (Celluloseacetat, Cellulosenitrat, Polyvinylacetat, Polyvinylbutyral geben geben rote Farbe).

6.2. Einzelne Kunststoffe

6.2.1. Polyolefine

Unter den Polyolefinen kommen besonders Polyäthylen und Polypropylen als Kunststoffe vor, seltener auch Polybuten-1 und Polymethylpenten; wichtig sind außerdem einige Copolymere des Äthylens wowie besonders für Dichtungsfolien Polyisobutylen. Am einfachsten ist die Identifizierung mit Hilfe der IR-Spektroskopie. Einen Hinweis gibt manchmal auch der Schmelzbereich (vgl. Abschnitt 3.3.3):

Polyäthylen je nach Dichte	105–135° C
Polypropylen	160–170° C
Polybuten-1	120–135° C
Poly-4-methylpenten-1	~ 240° C

Zur Unterscheidung kann außerdem die Reaktion der Pyrolysedämpfe mit Quecksilber(II)-oxid dienen: Dazu wird eine Probe im Glühröhrchen trocken erhitzt; der Dampf wird auf ein Filtrierpapier geleitet, das mit einer Lösung von 0,5 g gelbem Quecksilber(II)-oxid in Schwefelsäure (1,5 ml konz. Schwefelsäure in 8 ml Wasser geben; vorsichtig, nicht umgekehrt zutropfen) getränkt wurde. Ein goldgelber Fleck zeigt Polyisobutylen, Butylkautschuk und Polypropylen (hier erst nach einigen Minuten) an; Polyäthylen reagiert nicht. Natur- und Nitrilkautschuk sowie Polybutadien ergeben einen braunen Fleck.

Bei der Pyrolyse von Polyäthylen und Polypropylen entstehen wachsartige Schmieren, die bei Polyäthylen paraffinartig, bei Polypropylen schwach aromatisch riechen.

6.2.2. Polystyrol[6]

Polystyrol und die meisten styrolhaltigen Copolymeren lassen sich nachweisen, indem eine kleine Probe mit vier Tropfen rauchender Salpetersäure in einem kleinen Reagenzglas zum Trocknen gedampft wird, ohne daß sich das Polymere bereits zersetzt. Dann wird der Rückstand direkt über einer kleinen Flamme etwa 1 min erhitzt, wobei man das Röhrchen mit der Öffnung schräg nach unten hält und mit einem Filtrierpapier bedeckt, das mit einer konz. Lösung von 2,6-Dibromchinon-4-chlorimid in Äther getränkt und dann an der Luft getrocknet wurde. Beim Anfeuchten mit einem Tropfen verdünntem Ammoniak färbt sich das Papier bei Anwesenheit von Polystyrol blau. Wenn die Probe noch freie Salpetersäure enthält, wird der Test gestört, und das Papier färbt sich braun. Die Blaufärbung kann dann verdeckt werden.

Dieser Nachweis eignet sich auch für Styrol-Butadien-Copolymere sowie für ABS (Acrylnitril-Butadien-Styrol-Copolymerisate); in letzterem kann außerdem das Acrylnitril durch die Prüfung auf Stickstoff erkannt werden.

6.2.3. Polymethylmethacrylat

Unter den Acrylaten spielt als Kunststoff vorwiegend Polymethylmethacrylat eine Rolle als Spritzgußmasse sowie als Acrylglas. Zum Nachweis wird eine Probe von etwa 0,5 g mit etwa gleichviel trockenem Sand in einem Reagenzglas erhitzt; das bei der Depolymerisation entstehende monomere Methylmethacrylat wird in einem Glaswollebausch in

---

[6] siehe dazu auch: DIN 53747, Analysen von Polystyrol und Styrol-Copolymeren

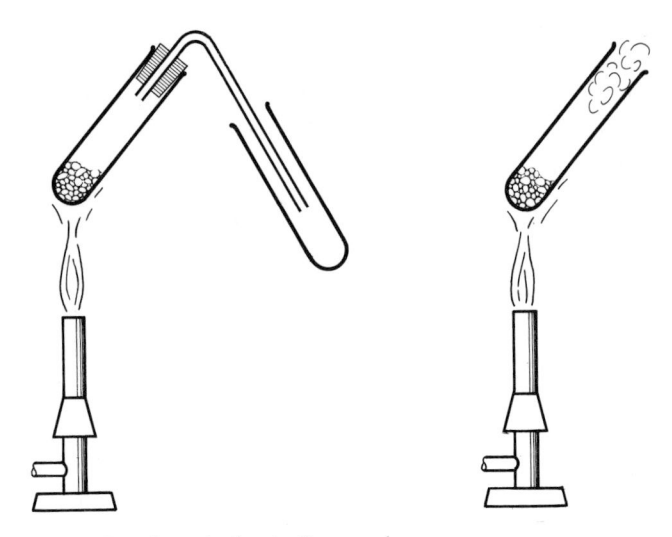

66 6. Spezifische Nachweise einzelner Kunststoffe

Abb. 6. Depolymerisation im Reagenzglas.

der Öffnung des Glases aufgefangen oder über ein mittels Gummistopfen befestigtes gebogenes Glasrohr in ein zweites Reagenzglas destilliert (s. Abb. 6). Eine Probe des Monomeren wird mit wenig konzentrierter Salpetersäure (Dichte 1,4 g/cm^3) solange erwärmt, bis eine klare gelbe Lösung vorliegt. Nach dem Abkühlen wird mit etwa dem halben Volumen Wasser verdünnt und tropfenweise mit 5–10proz. Natriumnitrit-Lösung versetzt. Eine mit Chloroform extrahierbare blaugrüne Färbung zeigt Methylmethacrylat an.

Polyacrylate bilden bei der Pyrolyse neben den monomeren Estern verschiedene scharf riechende Zersetzungsprodukte; die Pyrolysate sind gelb oder bräunlich gefärbt und reagieren sauer.

6.2.4. Polyacrylnitril

Polyacrylnitril kommt vor allem in Fasern vor, aber auch in acrylnitrilhaltigen Kunststoffen, d. h. in Copolymeren mit Styrol, Butadien oder Methylmethacrylat. Alle derartigen Polymerisate enthalten Stickstoff.

Zum Nachweis von Acrylnitril-Polymeren kann man eine Probe mit etwas Zinkstaub und einigen Tropfen etwa 25proz. Schwefelsäure (man gibt hierfür 1 ml konz. Schwefelsäure langsam in 3 ml Wasser) in einem Porzellantiegel erhitzen. Der Tiegel wird mit einem Filtrierpapier bedeckt, das mit folgender Reagenzlösung angefeuchtet wird: Man löst 2,86 g Kupferacetat in einem Liter Wasser. Ferner löst man 14 g Benzidin in 100 ml Eisessig; 67,5 ml dieser Lösung werden mit 52,5 ml Wasser verdünnt. Beide Reagenzlösungen werden getrennt im Dunkeln aufbewahrt; erst unmittelbar vor Gebrauch mischt man gleiche Volumina. Die Anwesenheit von Acrylnitril gibt sich durch einen bläulichen Fleck auf dem Filtrierpapier zu erkennen.

Acrylnitril in Copolymeren kann auch über die beim trockenen Erhitzen einer Probe im Reagenzglas entstehende geringe Menge Blausäure nachgewiesen werden.

Man stellt sich folgendes Indikatorpapier her: 0,3 g Kupfer(II)-acetat werden in 100 ml Wasser gelöst. Mit dieser Lösung imprägniert man Filterstreifen, die man an der Luft trocknet. Unmittelbar vor Gebrauch taucht man die Streifen in eine Lösung aus 0,05 g Benzidin in 100 ml 1 N Essigsäure (aus gleichen Teilen 2 N Essigsäure und Wasser herstellen).

Streichen blausäurehaltige Pyrolysedämpfe über das feuchte Papier, so färbt es sich blau.

6.2.5. Polyvinylacetat

Vinylacetat-haltige Polymere und Copolymere erkennt man an der Entwicklung von Essigsäure bei der thermischen Zersetzung; ähnlich reagieren auch Celluloseacetate. Zur Prüfung pyrolysiert man eine kleine Probe und fängt die Pyrolysedämpfe in mit Wasser angefeuchteter Watte auf. Man wäscht die Watte aus und gibt dann 3 bis 4 Tropfen einer 5proz. wässrigen Lanthannitratlösung, 1 Tropfen 0,1 N Jodlösung und 1 bis 2 Tropfen konz. Ammoniak zur Probe im Reagenzglas oder auf einer Tüpfelplatte. Polyvinylacetat wird tiefblau bis fast schwarz; Polyacrylate werden rötlich, Polyvinylacetate grün bis blau. Als weiterer Test kann auch die Reaktion nach Liebermann-Storch-Morawski dienen (s. Abschnitt 6.1.1). Polyvinylacetat gibt beim Benetzen mit 0,01 N Jod-Jodkaliumlösung (0,1 N Lösung auf das zehnfache Volumen verdünnen) eine purpurbraune Färbung, die sich beim Waschen mit Wasser verstärkt.

6.2.6. Polyvinylalkohol

Bei der Verseifung von Polyvinylacetat entsteht Polyvinylalkohol, der als Werkstoff selbst allerdings keine Bedeutung hat. Je nach dem Umsatz bei der Verseifung können die Nachweisreaktionen unterschiedlich ausfallen. Weitgehend verseiftes Polyvinylacetat ist als Polyvinylalkohol in den üblichen organischen Lösungsmitteln unlöslich, aber löslich in Wasser und Formamid. Zur Prüfung der Reaktion mit Jod versetzt man 5 ml der wässrigen Lösung von Polyvinylalkohol mit 2 Tropfen 0,1 N Jod-Jodkaliumlösung, dann verdünnt man soweit mit Wasser, daß die auftretende Färbung gerade noch zu erkennen ist. 5 ml dieser Lösung werden mit einer Spatelspitze Borax versetzt, gut geschüttelt und mit

5 ml konz. Salzsäure angesäuert. Eine kräftige Grünfärbung, besonders an den ungelösten Boraxkörnchen, spricht für Polyvinylalkohol; Stärke und Dextrin können stören.

6.2.7. Chlorhaltige Polymere

Unter den chlorhaltigen Polymeren sind neben Polyvinylchlorid (PVC) und verschiedenen Copolymeren mit Vinylchlorid besonders Polyvinylidenchlorid, Chlorkautschuk, Kautschukhydrochlorid, chlorierte Polyolefine, Polychloropren und Polytrifluorchloräthylen wichtig. Abgesehen vom Chlornachweis mit der Beilsteinprobe (s. Abschnitt 4) eignet sich zur Unterscheidung besonders die Farbreaktion mit Pyridin (Tab. 10).

Hierzu wird das Material zuerst durch Extraktion mit Äther von etwa vorhandenen Weichmachern befreit. Eventuell kann man die Probe auch in Tetrahydrofuran lösen und nach dem Abfiltrieren von etwa ungelösten Anteilen durch Zugabe von Methanol wieder ausfällen. Nach dem Isolieren und Trocknen bei maximal 75° C versetzt man eine kleine Probe mit 1 ml Pyridin. Nach einigen Minuten Stehen gibt man 2 bis 3 Tropfen etwa 5proz. methanolische Natronlauge (1 g NaOH in 20 ml Methanol lösen) zu. Man beobachtet die auftretenden Färbungen sofort, nach ca. 5 min und nach einer Stunde.

Zu einer weiteren Prüfung kocht man etwas weichmacherfreies Material 1 min mit 1 ml Pyridin. Dann teilt man die Lösung in zwei Teile. Die eine Hälfte kocht man erneut und versetzt sie dann vorsichtig mit 2 Tropfen 5proz. methanolischer Natronlauge. Der Rest wird nach dem Aufkochen abgekühlt und erst dann mit 2 Tropfen 5proz. methanolischer Natronlauge versetzt. Man beobachtet die Färbung sofort und nach 5 min.

6. Spezifische Nachweise einzelner Kunststoffe

Tabelle 10 Farbreaktionen chlorhaltiger Kunststoffe beim Behandeln mit Pyridin

Kunststoff	Kochen mit Pyridin und Reagenzlösung		Kochen mit Pyridin; dann Reagenzlösung zur abgekühlten Lösung zugeben		Pyridin und Reagenzlösung ohne Erhitzen	
	sofort	nach 5 min	sofort	nach 5 min	sofort	nach 5 min
PVC	rot-braun	blutrot-braun-rot	blutrot-braun-rot	rot-braun, schwarzer Niederschlag	rot-braun	schwarz-braun
PVC nachchloriert	blutrot-braun-rot	braun-rot	braun-rot	rot-braun, schwarzer Niederschlag	rot-braun	rot-braun
Chlorkautschuk	dunkelrot-braun	dunkelrot-braun	schwarz-braun	schwarz-brauner Niederschlag	oliv-braun	oliv-braun
Polychloropren	weiß-getrübt	weiß-getrübt	farblos	farblos	weiß-getrübt	weiß-getrübt
Polyvinylidenchlorid	braun-schwarz	braun-schwarzer Niederschlag	schwarz-brauner Niederschlag	schwarz-brauner Niederschlag	braun-schwarz	braun-schwarz
PVC-Formstoff	gelb	braun-schwarzer Niederschlag	weiß-getrübt	weißer Niederschlag	farblos	farblos

6.2.8. Polyoxymethylen

Polyoxymethylene (Polymere des Formaldehyds) spalten beim Erhitzen Formaldehyd ab. Auch der Formaldehydnachweis mit Chromotropsäure verläuft positiv.

6.2.9. Polycarbonate

Nahezu alle als Kunststoffe vorkommenden Polycarbonate enthalten Bisphenol A. Zum Nachweis eignet sich die Farbreaktion mit p-Dimethylamino-benzaldehyd (s. Abschnitt 6.1.2) oder die Gibbsche Indophenolprobe (s. Abschnitt 6.1.3).

Polycarbonate werden durch siedende 10proz. alkoholische Kalilauge in einigen Minuten vollständig verseift. Dabei scheidet sich Kaliumcarbonat aus, das abfiltriert wird; beim Ansäuern mit verdünnter Schwefelsäure wird daraus Kohlendioxid entwickelt, das beim Einleiten in Bariumhydroxid-Lösung als weiße Fällung von Bariumcarbonat nachgewiesen werden kann.

6.2.10. Polyamide[7]

Die technisch wichtigsten Polyamide sind Polyamid 6, 66, 610, 11 und 12. Daneben gibt es aber auch verschiedene Mischpolyamide, die mit einfachen Mitteln zwar als Polyamide zu erkennen sind (z. B. durch den Geruch nach verbranntem Horn bei der Brennprobe, vgl. Abschnitt 3.3.2), aber nicht immer vollständig identifiziert werden können.

---

7 siehe dazu ausführlichere Angaben in: DIN 53746, Nachweis von Polyamiden

Vielfach ermöglicht schon die Bestimmung der Schmelzpunkte mit dem Heiztischmikroskop eine Unterscheidung:

Polyamid-Typ	Schmelzpunkt
Polyamid 6	215 – 225° C
Polyamid 66	250 – 260° C
Polyamid 610	210 – 220° C
Polyamid 11	180 – 190° C
Polyamid 12	170 – 180° C

Polyamide können auch durch die Farbreaktion mit p-Dimethylamino-benzaldehyd erkannt werden (s. Abschnitt 6.1.2.).

Zur Unterscheidung eignet sich der Nachweis der bei der sauren Hydrolyse entstehenden Säuren. Dazu kocht man 5 g der Probe in 50 ml konz. Salzsäure am Rückfluß (Abb. 7),

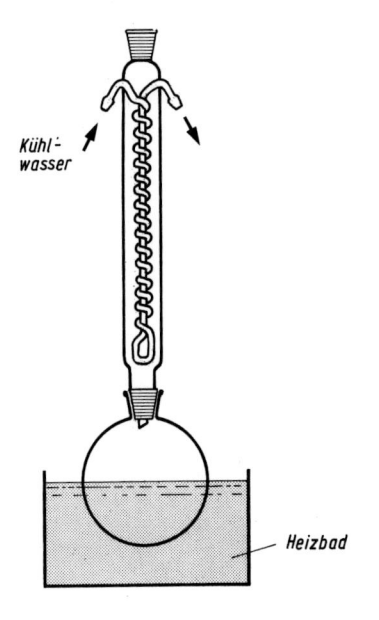

Abb. 7. Erhitzen und Sieden unter Rückfluß.

bis der größte Teil gelöst ist. Die Lösung wird dann durch Kochen mit Aktivkohle entfärbt und heiß filtriert. Nach dem Abkühlen werden die ausgefallenen Säuren abfiltriert und aus wenig Wasser umkristallisiert. Fällt keine Säure aus, so wird das Filtrat mit Äther extrahiert, der Äther abgezogen und der Rückstand dann aus Wasser umkristallisiert. Die Säuren haben folgende Schmelzpunkte:

Adipinsäure (Polyamid 66)	152° C
Sebazinsäure (Polyamid 610)	133° C
ϵ - Aminocapronsäurehydrochlorid (Polyamid 6)	123° C
11 - Aminoundecansäure (Polyamid 12)	145° C
12 - Aminolaurinsäure (Polyamid 12)	163° C

6.2.11. Polyurethane

Polyurethane bilden bei der Pyrolyse teilweise die zur Herstellung verwendeten Isocyanate zurück. Zum Nachweis kann man die beim trockenen Erhitzen im Reagenzglas entstehenden Dämpfe auf ein trockenes Filtrierpapier leiten, das anschließend mit 1proz. methanolischer Lösung von 4-Nitrobenzoldiazoniumfluorborat-Lösung (Nitrazol CF extra, Hoechst AG)angefeuchtet wird. Je nach Art des Isocyanats entsteht dabei eine gelbe bis rotbraune oder violette Färbung.

6.2.12. Phenoplaste[8]

Phenolharze entstehen aus Phenol oder Phenolderivaten und Formaldehyd; für viele Zwecke enthalten sie anorganische oder organische Füllstoffe. Nach der Aushärtung sind die

---

[8] siehe dazu auch: DIN 53748, Chemische Analysen von Phenol-Formaldehydharzen, Phenoplast-Formmassen und -Formstoffen

Harze in den gebräuchlichen Lösungsmitteln unlöslich; sie lösen sich unter Spaltung in Benzylamin. Phenolharze lassen sich durch die Gibbsche Indophenolprobe (s. Abschnitt 6.1.3) identifizieren; den gebundenen Formaldehyd erkennt man mit Chromotropsäure (s. Abschnitt 6.1.4).

6.2.13. Aminoplaste[9]

Zu den Aminoplasten gehören die Kondensationsprodukte aus Formaldehyd und Harnstoff, Thioharnstoff, Melamin und Anilin. Sie sind häufig mit Holzmehl, Gesteinsmehl, Asbest usw. gefüllt und liegen vor allem als Preßteile oder Schichtpreßstoffe vor. Alle Aminoplaste enthalten Stickstoff und gebundenen Formaldehyd, den man mit Chromotropsäure (s. Abschnitt 6.1.4) erkennen kann.

Harnstoff und Thioharnstoff lassen sich nachweisen, indem einige mg der Probe mit 1 Tropfen konz. Salzsäure bei 110°C zur Trockene gedampft werden. Nach dem Abkühlen gibt man 1 Tropfen Phenylhydrazin zu und erhitzt 5 min im Ölbad auf 195°C. Nach dem Abkühlen versetzt man mit 3 Tropfen verdünntem Ammoniak (1 : 1) und 5 Tropfen einer 10proz. wässrigen Nickelsulfatlösung. Beim Schütteln mit Chloroform färbt sich dieses bei Anwesenheit von Harnstoff oder Thioharnstoff rot bis violett.

Eine zusätzliche Prüfung auf Schwefel (s. Abschnitt 4) erlaubt eine Unterscheidung zwischen Harnstoff und Thioharnstoff. Melaminharze erkennt man, indem eine kleine Probe im Glühröhrchen mit wenigen Tropfen konz. Salzsäure im Ölbad auf 190 bis 200° C erhitzt wird, bis Kongorotpapier nicht mehr gebläut wird. Dann setzt man einige Kristalle Na-

---

[9] siehe dazu auch: DIN 53749, Chemische Analyse von Harnstoff-, Thioharnstoff- und Melamin-Formaldehydharzen, Aminoplast-Formmassen und -Formstoffen

triumthiosultat zu dem erkalteten Rückstand, bedeckt das Glühröhrchen mit einem mit 3proz. Wasserstoffperoxid befeuchteten Kongorotpapier und erhitzt im Bad auf 160°C. Bei Anwesenheit von Melamin färbt sich das Papier blau (Harnstoffharze geben keine Störung).

Anilinharze werden zum Nachweis im Reagenzglas pyrolytisch gespalten; die Dämpfe geben beim Einleiten in Natriumhypochlorit- oder Chlorkalk-Lösung eine rotviolette oder violette Färbung.

6.2.14. Epoxidharze

Einfache spezifische Tests für die nicht umgesetzten Epoxidgruppen oder die verknüpfenden Einheiten in ausgehärteten Epoxidharzen sind nicht bekannt. Epoxidharze auf der Basis von Bisphenol A geben eine positive Reaktion bei der Prüfung auf Phenol mit der Gibbschen Indophenolprobe (s. Abschnitt 6.1.3). Im Gegensatz zu den Phenolharzen ist jedoch der Formaldehydnachweis mit Chromotropsäure (s. Abschnitt 6.1.4) negativ. Alle Epoxidharze spalten außerdem bei der Pyrolyse unterhalb 250°C Acetaldehyd ab. Dazu erhitzt man eine Probe im Glühröhrchen im Ölbad auf 240°C und leitet die Dämpfe auf ein Filtrierpapier, das mit einer frischen wässrigen Lösung von je 5% Natriumnitroprussiat und Morpholin befeuchtet wurde. Blaufärbung zeigt Epoxidharze an.

Epoxidharze lassen sich ferner folgendermaßen erkennen: ca. 100 mg Harz werden bei Raumtemperatur in etwa 10 ml konz. Schwefelsäure gelöst. Dazu gibt man etwa 1 ml konz. Salpetersäure; nach 5 min überschichtet man diese Lösung vorsichtig mit 5proz. wäßriger Natronlauge. Bei Anwesenheit von Epoxidharzen auf der Basis von Bisphenol A tritt an der Grenzfläche eine kirschrote Färbung auf.

6.2.15. Polyester

Ungesättigte Polyester kommen als in polymerisierbaren Monomeren (meist Styrol) gelöste Harze, aber auch als Preßmassen sowie als ausgehärtete Produkte vor. Davon zu unterscheiden sind gesättigte aliphatische und aromatische Polyester; zu letzeren gehören vor allem Polyäthylenerephthalat und Polybutylenterephthalat.

Ungesättigte Polyester enthalten als Säurekomponenten vorwiegend Maleinsäure, Phthalsäure, Bernsteinsäure, Fumarsäure oder Adipinsäure, die direkt nachgewiesen werden können.

Phthalsäure: Eine kleine Probe wird mit der dreifachen Menge Thymol und 5 Tropfen konz. Schwefelsäure 10 min. auf 120 –130°C erhitzt. Nach dem Abkühlen löst man in 50proz. Äthanol und macht mit verdünnter (2N) Natronlauge alkalisch. Phthalate geben eine tiefblaue Färbung.

Bernsteinsäure erkennt man, indem man eine kleine Menge des Harzes (eventuell 3 bis 4 Tropfen der vorliegenden Lösung) mit etwa 1 g Hydrochinon und 2 ml konz. Schwefelsäure versetzt. Man erhitzt über kleiner Flamme auf ca. 190° C, verdünnt nach dem Abkühlen mit 25 ml Wasser und schüttelt dann mit etwa 50 ml Benzol aus, das sich bei Anwesenheit von Bernsteinsäure rot färbt. Die Benzolphase wird mit Wasser gewaschen und mit 0,1 N Natronlauge versetzt, dabei tritt Blaufärbung ein. (Störung durch Phthalsäure, die in solchen Harzen ebenfalls vorkommen kann).

Maleinatharze geben bei der Reaktion nach Liebermann-Storch-Morawski (s. Abschnitt 6.1.1) eine weinrote bis olivbraune Färbung.

Polyäthlenterephthalat und Polybutylenterephthalat lösen sich in Nitrobenzol. Zum Nachweis pyrolysiert man eine kleine Probe in einem Glasröhrchen, das mit einem Filtrierpapier bedeckt ist. Das Papier wird vorher in einer gesättigten Lösung von o-Nitrobenzaldahyd in verdünnter Natronlauge getränkt. Eine blaugrüne Färbung, die gegen verdünnte Salzsäure stabil ist, deutet auf Terephthalsäure.

Die sichere Unterscheidung von Polyäthylen-(PETP) und Polybutylenterephthalat (PBTP) mit einfachen Mitteln ist schwierig. PETP schmilzt bei 250–260°C, PBTP bei etwa 220°C, was aber durch Zusätze verändert werden kann.

6.2.16. Celluloseabkömmlinge

Als Kunststoffe auf Cellulosebasis sind vor allem Celluloseacetate, -acetobutyrate und -propionate, außerdem Cellulosehydrat als Vulkanfiber wichtig. Cellulose läßt sich nachweisen, indem man die Probe in Aceton löst oder suspendiert, mit 2–3 Tropfen einer 2proz. Lösung von α-Naphtol in Äthanol versetzt und vorsichtig mit konz. Schwefelsäure unterschichtet. An der Phasengrenze bildet sich ein roter bis rot-brauner, bei Anwesenheit von Cellulosenitrat ein grüner Ring; Störungen geben u. a. alle Zucker sowie Lignin. Zur Unterscheidung von Celluloseacetat und -acetobutyrat reicht meist die Beobachtung der entstehenden Dämpfe bei trockenem Erhitzen der Probe: Acetate riechen nach Essigsäure, Acetobutyrate außerdem typisch nach Buttersäure (wie ranzige Butter).

Cellulosenitrate können außer durch die oben beschriebene Reaktion auch mit dem sehr empfindlichen Diphenylamin-Test erkannt werden. Dazu kocht man eine Probe mit 0,5 N wässriger Kalilauge (1,8 g Kaliumhydroxid in 100 ml Wasser lösen) oder Natronlauge einige Minuten und säuert dann mit verdünnter Schwefelsäure an. Man filtriert vom Rückstand ab und überschichtet mit dieser Lösung 10 mg Diphenylamin in

10 ml konz. Schwefelsäure. Ein blauer Ring an der Grenzschicht spricht für Nitrocellulose. Zum Nachweis einer Nitrocelluloselackierung auf Zellglas kann man auch einige Kristalle Diphenylamin in 0,5 ml konz. Schwefelsäure lösen und wenige Tropfen davon auf die Probe bringen (Blaufärbung).

6.2.17. Silikone

Silikone finden als Harze, Öle, Fette, aber auch als kautschukelastische Stoffe oder als Hilfsmittel in der Kunststoffverarbeitung (Imprägniermittel, Überzüge, Trennmittel) Anwendung. Sie lassen sich durch den Gehalt an Silizium erkennen. Hierzu werden ca. 30 mg der Probe mit 100 mg Natriumcarbonat und 10 mg Natriumperoxid gemischt und in einem Platin- oder Nickeltiegel über der Flamme erhitzt. Die Schmelze wird in einigen Tropfen Wasser gelöst, aufgekocht und mit verdünnter Salpetersäure neutralisiert oder schwach angesäuert. Der Siliziumnachweis erfolgt dann wie üblich mit Ammoniummolybdat (s. Abschnitt 4).

6.2.18. Kautschukartige Polymere

Obwohl Kautschuke streng genommen nicht zu den Kunststoffen zählen, sollen doch hier die wichtigsten Typen behandelt werden, da sich die Einsatzgebiete häufig berühren. Butylkautschuk (Polyisobutylen mit einigen Prozent Isoprenbausteinen) kann mit Quecksilber(II)-oxid erkannt werden (s. dazu Abschnitt 6.2.1). Polybutadien und Polyisopren enthalten Doppelbindungen, die mit Wijs-Lösung nachgewiesen werden können. Die Reagenzlösung erhält man aus 6–7 ml reinem Jodmonochlorid durch Lösen in Eisessig (auf einen

Liter auffüllen); die Lösung muß im Dunkeln aufbewahrt werden und ist nur begrenzt haltbar. Zur Prüfung wird das Polymere in Tetrachlorkohlenstoff oder geschmolzenem p-Dichlorbenzol (Schmelzpunkt 50°C) gelöst und tropfenweise mit dem Reagenz versetzt. Doppelbindungen entfärben die Lösung; der Nachweis ist nicht spezifisch, sondern gilt allgemein für ungesättigte Polymere.

Zur Unterscheidung verschiedener Kautschukarten eignet sich die Farbreaktion nach Burchfield (Tab. 11). Dazu werden 0,5 g der Probe im Reagenzglas erhitzt; die Pyrolysedämpfe

Tabelle 11   Farbreaktion nach Burchfield zur Unterscheidung von Kautschuken

	beim Einleiten der Pyrolysedämpfe	nach dem anschließenden Kochen und Methanolzugabe
Blindprobe	gelblich	gelblich
Naturkautschuk (Polyisopren)	gelbbraun	grün-violett-blau
Polybutadien	hellgrün	blaugrün
Butylkautschuk	gelb	gelbbraun bis schwach violett-blau
Styrol-Butadien-Copolymere	gelbgrün	grün
Butadien-Acrylnitril-Copolymere	orange-rot	rot-rotbraun
Polychloropren	gelbgrün	gelblich-grün
Silikonkautschuk	gelb	gelb
Polyurethan-Elastomere	gelb	gelb
PVC	gelb	gelb

leitet man in 1,5 ml des nachfolgend beschriebenen Reagenzes ein. Man beobachtet die Farbe und verdünnt die Lösung anschließend mit 5 ml Methanol und kocht drei min.

Reagenz: 1 g p-Dimethylaminobenzaldehyd und 0,01 g Hydrochinon werden in 100 ml Methanol unter leichtem Erwärmen gelöst und dann mit 5 ml konz. Salzsäure und 10 ml Äthylenglykol versetzt. Das Reagenz ist in einer dunklen Flasche mehrere Monate haltbar.

7. Chemikalien

Zur Durchführung der beschriebenen Prüfungen benötigt man die hier zusammengestellten Chemikalien, die über den Fachhandel bezogen werden können. Von den wichtigsten Säuren, Laugen und Lösungsmitteln empfiehlt sich die Beschaffung von je 0,5 bis 1 Liter; verdünnte Lösungen stellt man sich daraus zweckmäßigerweise selbst her. Von den meisten Nachweisreagenzien genügen je nach Packungsgröße 1 bis 5 g. Zum Aufbewahren der Chemikalien sollten nur eindeutig beschriftete Glasflaschen verwendet werden, soweit sie nicht vom Hersteller in gekennzeichneten Kunststoffpackungen geliefert werden.

Es sei nochmals darauf aufmerksam gemacht, daß viele organische Lösungsmittel brennbar sind und deshalb nur in begrenzten Mengen am Laborplatz aufbewahrt werden dürfen. Besondere Vorsicht erfordert auch der Umgang mit konzentrierten Säuren und Laugen, da sie auf der Haut und in den Augen Verätzungen hervorrufen können.

Alle genannten Lösungsmittel und Chemikalien sind in verschiedenen Reinheitsgraden erhältlich, z. B. technisch, rein, chemisch rein, zur Analyse usw. Man verwende nach Möglichkeit nur analysenreine Reagenzien; Lösungsmittel sollten mindestens rein sein. Beim Aufbewahren gelb oder dunkel verfärbte Lösungsmittel müssen vor Gebrauch destilliert werden.

Säuren und Laugen

Mit Hilfe der folgenden Tab. 12 lassen sich aus den handelsüblichen konzentrierten Lösungen die nötigen Verdünnungen herstellen. Soweit nicht anders angegeben ist, handelt es sich bei verdünnten Lösungen in den Arbeitsvorschriften dieses Büchleins stets um etwa 2 normale (2N) Lösungen. Beim Verdünnen gibt man konzentrierte Säuren oder Laugen immer in die benötigte Menge destilliertes Wasser, nie umgekehrt, da die dabei auftretende Wärmetönung sonst zum Verspritzen führen kann (stets Schutzbrille tragen!).

Tabelle 12   Konzentrationswerte handelsüblicher Säuren und Laugen

Säure bzw. Lauge	Gehalt in Gew.-%	mol/l	Normalität
konzentrierte Schwefelsäure ($d = 1,84$ g/cm³	96		37
verdünnte Schwefelsäure	9	1	2
rauchende Salpetersäure	86		
konzentrierte Salpetersäure ($d = 1,40$ g/cm³	65	10	10
verdünnte Salpetersäure	12	2	2
rauchende Salzs.($d=1,19$ g/cm³)	38	12,5	12,5
konz. Salzs.($d=1,16$ g/cm³)	32	10	10
verdünnte Salzsäure	7	2	2
Wasserfreie Essigsäure (Eisessig)	100		17
verdünnte Essigsäure	12	2	2
verdünnte Natronlauge	7,5	2	2
konzentrierter Ammoniak	25	13	6,5
verdünnter Ammoniak	3,5	2	2

Die verdünnten Lösungen stellt man sich nach folgenden Angaben selbst her:

verdünnte Schwefelsäure:
5 ml konz. Säure ($d = 1,84$ g/cm³) in 90 ml Wasser,

verdünnte Salpetersäure:
13 ml konz. Säure (d = 1,40 g/cm^3) in 80 ml Wasser,

verdünnte Salzsäure:
19 ml konz. Säure (d = 1,16 g/cm^3) in 80 ml Wasser,

verdünnte Essigsäure:
12 ml Eisessig in 88 ml Wasser,

verdünnte Ammoniaklösung:
17 ml konz. Ammoniak (d = 0,882 g/cm^3) in 90 ml Wasser,

verdünnte Natronlauge:
8 g Natriumhydroxid in 100 ml Wasser lösen.

Neben den in Tab. 12 erwähnten Säuren und Laugen werden häufig auch
Essigsäureanhydrid,
Ameisensäure sowie
3proz. Wasserstoffperoxid
benötigt.

Für die Herstellung aller wässrigen Lösungen verwende man stets destilliertes Wasser und keinesfalls Leitungswasser. Sehr praktisch sind Spritzflaschen (ca. 250 ml Inhalt) aus Polyäthylen, die sich gut zur Aufbewahrung von destilliertem Wasser und Methanol eignen.

Anorganische Chemikalien

Zinkchlorid, wasserfrei } zur Dichtebestimmung
Magnesiumchlorid, wasserfrei
Eisen(II)-sulfat
Eisen(III)-chlorid (1,5 N Lösung in Wasser)
Natriumnitroprussiat
Bleiacetat, als 2 N Lösung (26,7 g auf 100 g Wasser)
Silbernitrat, als 2proz. Lösung
Calciumchlorid

Natriumhydroxid
Ammoniummolybdat
Ammoniumsulfat
Natriumcarbonat, wasserfrei
Natriumhydroxid
Natriumperoxid
Natriumnitrit
Natriumacetat
Natriumthiosulfat
Natriumhypochlorit- oder Chlorkalklösung
Kaliumhydroxid (2,8 g auf 100 g Wasser)
Quecksilber(II)-oxid
Nickelsulfat
Kupfer(II)-acetat
Lanthannitrat
Borax
Bariumhydroxidlösung (ca. 0,2 N) (1,7 g auf 100 g Wasser)
Natrium oder Kalium unter Petroleum oder einer anderen
    inerten Schutzflüssigkeit
Jod
0,1 N Jod-Jodkaliumlösung
    16,7 g Kaliumjodid werden in 200 ml Wasser gelöst; in
    dieser Lösung werden 12,7 g Jod gelöst. Das Gemisch
    wird mit Wasser auf 1000 ml verdünnt.
Wijs-Lösung oder Jodmonochlorid

Organische Lösungsmittel

Von den in Tab. 4 genannten Lösungsmitteln werden nicht alle benötigt. Man kann sich auf die nachstehenden beschränken:

Benzol
Toluol
p-Xylol

Nitrobenzol
n-Hexan oder Petroläther
Cyclohexanon
Tetrahydrofuran
Dioxan
Diäthyläther
Formamid
Dimethylformamid
Dimethylsulfoxid
Chloroform
Tetrachlorkohlenstoff
Methanol
Äthanol
Äthylenglykol
Aceton
Äthylacetat
m-Kresol
Benzylalkohol
Benzylamin
Pyridin

Organische Reagenzien

Die Herstellung der benötigten Lösungen ist an den betreffenden Stellen im Text beschrieben; viele Lösungen sind nur begrenzt haltbar, weshalb sie möglichst frisch angesetzt werden sollten.

Benzidin
Diphenylamin
Chromotropsäure
Thymol
Morpholin
Hydrochinon

o-Nitrobenzaldehyd
p-Dimethylaminobenzaldehyd
2.6-Dibromchinon-4-chlorimid
α-Naphtol
4-Nitrobenzoldiazoniumfluorborat (Nitrazol CF extra)
Phenylhydrazin

Sonstiges

Lackmuspapier, rot und blau
Kongorotpapier
p_H-Papier, als Universalpapier oder für mehrere Bereiche
Bleiacetat-Papier (in verschlossener Flasche aufbewahren)
Watte
Glaswolle
feiner Sand
Silbermünze (zum Schwefelnachweis)
Kupferdraht
Aktivkohle

8. Laborhilfsmittel und Geräte

Die hier beschriebenen Prüfungen erfordern keine besonderen Geräte oder Apparate außer der normalen Laboreinrichtung. Die folgende Zusammenstellung enthält daher nur solche Hilfsmittel, die auf alle Fälle angeschafft werden müssen, falls kein Laboratorium zur Verfügung steht.

Zum Heizen verwende man soweit möglich Kochplatten oder Pilzheizhauben. Offene Flamme (Bunsenbrenner oder – bei Fehlen eines Gasanschlusses – Flüssiggasbrenner, wie sie z. B. für Campingzwecke im Handel sind) sollte man nur benutzen, wenn Proben in Reagenzgläsern oder Glühröhrchen erhitzt werden müssen; zur Not reicht hierfür oder für Brennproben auch eine Kerze.

Unbedingt erforderlich sind:

Schutzbrille
Reagenzgläser, kleine ca. 7 mm ϕ
              mittlere ca. 15 mm ϕ
Stopfen aus Kork oder Gummi zum Verschließen der Reagenzgläser
Bechergläser 50, 100, 250, 1000 ml
Glastrichter, ca. 4 und 7 cm ϕ
Uhrgläser
Glühröhrchen, ca. 8 x 70 mm
einige Glasstäbe
Meßzylinder, 10 ml, 100 ml, 500 ml
Pipetten, 1 ml, 10 ml
Porzellan-Reibschale mit Pistill, ca. 10 cm ϕ
Porzellan-Tüpfelplatte

Porzellanschale, ca. 5 cm ϕ
Porzellantiegel, ca. 3–3,5 cm ϕ
Platin- oder Nickeltiegel, ca. 3 cm ϕ
Aräometer für den Dichtebereich von 0,8 bis 2,2 g/cm^3
kleine Handwaage (zur Not genügt eine Briefwaage)
Reagenzglasgestell
Reagenzglaszange
Tiegelzange
Pinzette
Spatel
Messer
Filtrierpapier in Bogen, für die Trichter passende Rundfilter
Ölbad aus Metall, am besten mit Silikonölfüllung

Zweckmäßig, aber nicht unbedingt notwendig sind:
Mühle zum Zerkleinern von Kunststoffproben (eventuell kleine Kaffeemühle),
Pilzheizhauben und Stativ mit Befestigungsklammern, Kolben, Rückflußkühler (s. Abb. 7)
Soxhlet-Apparatur mit Hülsen für Extraktionen (s. Abb. 2),
Kofler-Heizbank (s. Abb. 5) oder Schmelzpunktsmikroskop.

9. Weiterführende Literatur

Saechtling, H.:
Kunststoff-Bestimmungstafel, 7. Aufl.
C. Hanser Verlag, München Wien 1975

Krause, A., A. Lange:
Kunststoff-Bestimmungsmöglichkeiten, 2. Aufl.
C. Hanser Verlag, München 1970

Hummel, H. D., F. Scholl:
Atlas der Kunststoff-Analyse, 2 Bände
C. Hanser Verlag, München
Verlag Chemie G.m.b.H., Weinheim/Bergstraße 1968
und 1973

Schröder, E., J. Franz, E. Hagen:
Ausgewählte Methoden der Plastanalytik
Akademie-Verlag, Berlin 1976

Haslam, J., H.A. Willis, D.C.M. Squirrell:
Identification and Analysis of Plastics, 2nd Ed.
Iliffe Books, London, 1972

Crompton, T.R.:
Chemical Analysis of Additives in Plastics, 2nd Ed.
Pergamon Press, Oxford, New York, Toronto, Sydney,
Paris, Frankfurt 1977

Hingewiesen sei auch auf die Zusammenstellung aller derzeit vorliegenden deutschen Normen im DIN-Katalog 1978 mit monatlichen Ergänzungen (Beuth Verlag GmbH., Berlin, Köln). Darunter befinden sich auch viele Normen, die sich mit der Analyse von Kunststoffen befassen.

Stichwortverzeichnis

ABS 65
Aminoplast 74
Analysengang 56
Anilinharze 75

Beilsteinprobe 53
Bernsteinsäure 76
Brennprobe 41, 44
Butylkautschuk 64, 78, 79

Celluloseabkömmlinge 77
Celluloseacetat 58, 61, 63, 68, 77
Celluloseacetobutyrat 61, 77
Cellulosenitrat 57, 58, 63, 77
Chlorkautschuk 62, 70
Copolymere
    ABS 65
    mit Acrylnitril 67, 79
    mit Styrol 65
    Styrol–Butadien 79
    Vinylchlorid/Vinylacetat 57

Dichte 36
Duromere 13, 15, 24
Duroplaste 13, 15, 24

Einfriertemperatur 47
Elastomere 13, 15, 26

Elementnachweise
  Brom 52
  Chlor 52, 53
  Fluor 52, 53
  Halogene 53
  Jod 52
  Phosphor 52
  Schwefel 51
  Silizium 53, 78
  Stickstoff 51
Epoxidharze 60, 62, 63, 75
Extraktionsverfahren 29

Fadenmoleküle 12
Fällungsmittel 31 ff, 36
Fluorpolymere 57
Formaldehyd–Probe 63

Gibbsche Indophenolprobe 63
Glastemperatur 47

Härte 15
Härtung 13
Harnstoffharze 58, 74
Heizbank 47, 48
Heteroelemente 50, 54

Indophenolprobe 63

Kunststoffe
  Bildungsreaktionen 11
  Definitionen 11
  Gruppen 15
  härtbare 24 ff

Handelsname 17 ff
Heteroelemente 55
Kurzzeichen 17 ff
Löslichkeit 31 ff
Rohdichte 38
Schmelzverhalten 47
Struktur 17 ff
Trennungsgang 56
Zerkleinern 29

Lassaigne-Aufschluß 50
Laugen 82
Liebermann-Storch-Morawski-Reaktion 62
Löslichkeit 31

Melaminharze 58, 74
Maleinatsäure 76

Naturkautschuk 64, 79
Nitrilkautschuk 64
Nitrocellulose 78

Phenolharze 60, 62, 63, 73
Phenoplaste 73
Phthalsäure 76
Ployacrylate 66, 68
Polyacrylate 66, 68
Polyaddition 11
Polyäthylen 64
Polyäthylenterephthalat 76
Polyalkylensulfide 60
Polyamide 58, 63, 71
Polybutadien 78, 79
Polybutylenterephthalat 76

Polybuten-1 64
Polycarbonate 60, 63, 71
Polychloropren 70, 79
Polyester, ungesättigte 76
  gesättigte 76
Polyformaldehyd 60, 71
Polyisobutylen 64
Polyisopren 78, 79
Polykondensation 11
Polymerisation 11
Polymethylmethacrylat 65
Polymethylpenten 64
Polyoxymethylen 60, 71
Polypropylen 64
Polystyrol 65
Polyurethane 58, 62, 73, 79
Polyvinylacetat 58, 61, 62, 63, 68
Polyvinylalkohol 60, 62, 68
Polyvinylbutyral 58, 63
Polyvinylchlorid 69, 70, 79
  nachchloriert 70
Polyvinylidenchlorid 70
Probenvorbereitung 28
Pyrolyse 40, 42, 43

Rohdichte 36

Säuren 82
Schwebeverfahren 37
Silikone 78, 79
Soxhlet−Extraktor 29

Terephthalsäure 77
Thermoplaste 12, 15, 48

Thioharnstoffharze 58, 60, 74
Thioplaste 60

Vorproben 31
Vulkanfiber 77
Vulkanisation 14

Zellglas 78

Hanser

Hellerich/Harsch/Haenle
Werkstoff-Führer Kunststoffe

Eigenschaften, Prüfung, Kennwerte
Etwa 280 Seiten, etwa 70 Diagramme, Bilder und Tafeln. 2 Auflage 1979. Kunststoffeinband.

Oberbach
Kunststoff-Kennwerte für Konstrukteure

226 Diagramme und Tabellen mit Erläuterungen als Hilfsmittel zur Werkstoffauswahl und Berechnung. 180 Seiten, 226 Diagramme und Tabellen. 1975. Kunststoffeinband.

Saechtling
Kunststoff-Taschenbuch
20. Ausgabe

1110 Seiten, 154 Bilder, 100 Tabellen, 16 Falttafeln. Anzeigenteil, Handelsnamen- und Bezugsquellen-Verzeichnis. 20., völlig überarbeitete und erweiterte Ausgabe 1976. Kunststoffeinband.

Stoeckhert
Kunststoff-Lexikon

708 Seiten, 62 Bilder mit Anzeigen- und Bezugsquellenteil. 6., völlig neu bearbeitete Auflage 1975. Kunststoffeinband.

Carl Hanser Verlag München-Wien

Hanser

Ehrenstein
Polymer-Werkstoffe

Struktur und mechanisches Verhalten – Grundlagen für das technische Konstruieren mit Kunststoffen. 192 Seiten mit 151 Bildern. 1978. Kartoniert.

Menges
Werkstoffkunde der Kunststoffe

252 Seiten, 195 Bilder, 25 Tabellen. 1978. Kartoniert

Menges
Einführung in die Kunststoffverarbeitung

197 Seiten, 116 Bilder. 1975. Kartoniert.

Menges/Zielinski/Porath
Technologie der Kunststoffe

Eine programmierte Unterweisung in 4 Lektionen für den Anfänger. 168 Seiten. 1976. Kartoniert.

Carl Hanser Verlag München-Wien